KB099913

SW가이드랩 Vol.1

기술지도사(정보처리) 취득부터 활용까지

SW가이드랩 Vol.1
기술지도사(정보처리) 취득부터 활용까지

발행일 2021년 4월 8일

지은이 서승우
펴낸이 손형국
펴낸곳 (주)북랩
편집인 선일영
편집 정두철, 윤성아, 배진용, 김현아, 이예지
디자인 이현수, 한수희, 김민하, 김윤주, 허지혜
제작 박기성, 황동현, 구성우, 권태련
마케팅 김회란, 박진관, 장은별
출판등록 2004. 12. 1(제2012-000051호)
주소 서울특별시 금천구 가산디지털 1로 168, 우림라이온스밸리 B동 B113~114호, C동 B101호
홈페이지 www.book.co.kr
전화번호 (02)2026-5777
팩스 (02)2026-5747

ISBN 979-11-6539-697-8 13500 (종이책)
979-11-6539-698-5 15500 (전자책)

서승우 지음

SW가이드랩 Vol.1 (정보처리)

기술지도사 취득부터 활용까지

국가가 유일하게
공인한 중소기업 기술 컨설턴트 전문 자격증 취득 노하우

북랩book Lab

머리말

2021년 4월 8일부터 「경영지도사 및 기술지도사에 관한 법률」(약칭: 경영기술지도사법)이 시행되었습니다.

기존에는 「중소기업진흥 및 제품구매촉진에 관한 법률」에 그 근거가 마련되어 있었고, 별도의 자격사법이 없이 운영되다 보니 자격에 대한 법적 지위와 업무 등에서 불이익도 많이 받았습니다.

기술지도사는 제4차 산업혁명시대에 국가가 유일하게 공인한 중소기업 기술 컨설턴트 전문 자격증입니다.

그러나 아직 자격증에 대해서 잘 모르시는 분들이 많고, 어떻게 공부해야 하는지 잘 모르며, 시험 응시자 수 또한 매우 부족한 실정입니다.

이전부터 네이버 카페 등을 통해서 기술지도사를 취득하는 방법과 공부 방법, 기출문제 분석 등에 대해서 많은 이야기를 했습니다만, 아쉬움이 많아서 글로 써야겠다고 생각하게 되었고 이제야 실천하게 되었습니다.

이 책을 쓰면서 다음과 같은 세 가지 큰 방향을 잡았습니다.

첫째, 기술지도사를 공부하는 방법에 대해 제가 직접 실행하고 공부한 방법, 시험 답안 작성 방법 등을 토대로 공부 방법을 설명했습니다.

둘째, 이 책에서 핵심지식은 모두 포함할 수 없어서, 대표적인 주요 지식만 일부 나열해서 안내로 삼았습니다.

셋째, 실제로 기술지도사 취득 후에 어떻게 활용할 수 있는지를 제가 실천해본 사례 위주로 알려주고자 하였습니다.

이 책을 저술하는 데 많은 도움을 준 한국정보통신진흥협회 부회장님과 부서장님, 부설 정보통신인증센터 원장님과 팀장님, 동료들, 학교에서 가르침을 주신 지도교수님과 원우님들, 네이버 스터디 카페 멘토님들과 스터디 멤버들, 그리고 이 책의 출간을 위하여 적극적으로 후원하여 준 사랑하는 가족, 그리고 푸름에게 감사드립니다.

2021년 3월

서승우

Contents

기술지도사에 대한 이해

CHAPTER 02

시험준비

CHAPTER 01

기술지도사에 대한 이해

CHAPTER
01

기술지도사에 대한 이해

1.1 기술지도사 소개

기술지도사의 세계에 들어오신 것을 환영한다.

먼저 기술지도사에 대한 이해가 필요하다.

기술지도사는 영어로 Certified Technology Consultant(CTC)라고 한다.

큐넷(Q-Net)사이트에 접속해서 기술지도사를 검색하면 "기술지도사는 중소기업의 기술 문제에 대한 종합 진단(기술컨설팅)과 공장자동화기술 및 공정개선 기술, 공업기반기술, 부품소재개발, 시제품 등 신기술개발 등에 대한 진단, 지도, 자문, 상담, 조사, 분석, 평가, 증명, 대행 등 법적기능을 수행하는 국가 전문자격"이라고 설명하고 있다.

참고로 공인자격증은 국가기술자격과 국가전문자격, 국가공인 민간자격 등으로 구분된다. 국가기술자격은 기사, 산업기사, 기술사, 기능장 등과 같이 「국가기술자격법」에 의해 국가에서 운영하는 자격을 말한다. 국가전문자격은 변호사, 공인회계사, 법무사, 손해사정사, 공인노무사, 공인중개사, 세무사, 변리사, 행정사 등과 같이 보건복지부, 여성가족부 등 정부부처 등에서 주관하는 자격증을 말한다.

기술지도사와 유사한 자격증으로는 같은 지도사 자격증인 경영지도사가 있고, 수행하는 업무 측면에서는 정보처리기술사와 정보시스템감리사가 있다. 경영지도사와 기술지도사의 관련부처는 중소벤처기업부다.

법적 근거

기술지도사는 국가전문자격사로 법적 근거가 존재한다.

기술지도사의 법적 근거에 대해 알아보면, 「중소기업진흥에 관한 법률(약칭: 중소기업진흥법)」에 자격에 대한 근거가 법으로 규정되어 있다. (2020.3.24. 일부개정)

제46조(지도사의 자격 요건 등) ① 중소기업의 경영 또는 기술지도와 관련하여 중소벤처기업부장관이 실시하는 지도사자격시험(경영지도사자격시험 또는 기술지도사자격시험을 말한다. 이하 같다)에 합격한 자는 지도사(경영지도사 또는 기술지도사를 말한다. 이하 같다)의 자격을 가진다.

② 다음 각 호의 어느 하나에 해당하는 자는 지도사가 될 수 없다.

1. 피성년후견인
2. 파산선고를 받고 복권되지 아니한 자
3. 금고 이상의 실형을 선고받고 그 집행이 끝나거나 집행을 받지 아니하기로 확정된 후 2년이 지나지 아니한 자
4. 금고 이상의 형의 집행유예를 선고받고 그 유예기간 중에 있는 자
5. 제53조에 따라 지도사의 등록이 취소(이 항 제1호 또는 제2호에 해당하여 등록이 취소된 경우는 제외한다)된 날부터 2년이 지나지 아니한 자

③ 제1항에 따른 지도사자격시험은 1차 시험과 2차 시험으로 구분하여 실시한다.

④ 중소벤처기업부장관은 제1항에 따른 지도사자격시험에 관한 업무를 수행하기 위하여 시험실시기관을 지정할 수 있다.

⑤ 제3항에 따른 지도사자격시험의 응시 자격, 시험 과목, 시험 방법 및 제4항에 따른 시험실시기관의 업무 범위 등에 관하여 필요한 사항은 대통령령으로 정한다.

⑥ 지도사자격시험에 응시하려는 사람은 대통령령으로 정하는 바에 따라 시험실시기관에게 수

수료를 납부하여야 한다.

⑦ 시험실시기관은 수수료 과오납, 시험 응시 취소 등 대통령령으로 정하는 경우에는 시험 수수료를 납부한 사람에게 해당 금액을 돌려주어야 한다.

과거에는 별도의 자격사법으로 존재하지 않았고 중소기업진흥법 내에 포함되어 있었는데, 최근 2020년 4월 7일에 신규 제정된 「경영지도사 및 기술지도사에 관한 법률(약칭: 경영기술지도사법)」이 신규로 제정되어 2021년 4월 8일에 시행되었다.

제3조(지도사의 자격) 중소벤처기업부장관이 실시하는 지도사 자격시험(경영지도사자격시험 또는 기술지도사 자격시험을 말한다. 이하 같다)에 합격한 사람은 지도사의 자격을 가진다.

제4조(결격사유) 다음 각 호의 어느 하나에 해당하는 사람은 지도사가 될 수 없다.

1. 피성년후견인
2. 파산선고를 받고 복권되지 아니한 사람
3. 금고 이상의 실형을 선고받고 그 집행이 끝나거나 집행을 받지 아니하기로 확정된 후 2년이 지나지 아니한 사람
4. 금고 이상의 형의 집행유예를 선고받고 그 유예기간 중에 있는 사람

1.2 기술지도사의 업무

기술지도사는 국가전문자격으로 수행하는 업무 역시 법률에 명시되어 있다.

「중소기업진흥에 관한 법률(약칭: 중소기업진흥법)」

제47조(지도사의 업무) ① 경영지도사의 업무는 다음 각 호와 같다.

1. 경영의 종합 진단·지도
2. 인사, 조직, 노무, 사무관리의 진단·지도
3. 재무관리와 회계의 진단·지도
4. 생산, 유통관리의 진단·지도
5. 판매관리 및 수출입 업무의 진단·지도

6. 제1호부터 제5호까지와 관련된 상담, 자문, 조사, 분석, 평가 및 확인
7. 제1호, 제2호, 제4호 및 제5호와 관련된 업무의 대행(중소기업 관계 법령에 따라 기관에 대하여 행하는 신고, 신청, 진술, 보고 등의 대행을 말한다)

② 기술지도사의 업무는 다음 각 호와 같다.
1. 기술의 종합 진단·지도
2. 공장자동화기술 및 공정개선기술의 진단·지도
3. 공업기반기술의 진단·지도
4. 부품, 소재 개발, 시제품 등 신기술개발의 진단·지도
5. 공업시험, 분석, 측정계측의 진단·지도
6. 정보처리의 진단·지도
7. 설계기술, 생산관리기술, 품질관리기술 및 디자인·포장기술의 진단·지도
8. 에너지절약기술, 청정생산기술 및 설비관리기술의 진단·지도
9. 환경경영의 진단·지도
10. 그 밖에 제1호부터 제9호까지에 부수되는 업무와 이에 따른 상담, 자문, 조사, 분석, 평가, 증명 및 대행(중소기업 관계 법령에 따라 기관에 대하여 행하는 신고, 신청, 진술, 보고 등의 대행을 말한다)

③ 제1항제7호 및 제2항제10호에 따른 중소기업 관계 법령은 중소벤처기업부 소관 법령 등 중소기업의 경영 또는 기술과 관련된 법령으로서 그 구체적인 범위는 대통령령으로 정한다.

「경영지도사 및 기술지도사에 관한 법률(약칭: 경영기술지도사법)」

제2조(업무) ① 경영지도사 및 기술지도사(이하 “지도사”라 한다)는 중소기업에 경영 및 기술에 대한 전문적이고 종합적인 진단·지도를 수행하는 것을 그 업무로 한다.

② 경영지도사의 전문분야 및 그 업무는 다음 각 호와 같다.
1. 인적자원관리: 인사, 조직, 노무, 사무관리의 진단·지도
2. 재무관리: 재무관리와 회계의 진단·지도
3. 생산관리: 생산, 품질관리의 진단·지도
4. 마케팅관리: 유통·판매관리 및 수출입 업무의 진단·지도
5. 제1호부터 제4호까지와 관련된 상담, 자문, 조사, 분석, 평가, 확인
6. 제1호, 제3호 및 제4호와 관련된 업무의 대행(중소기업 관계 법령에 따라 기관에 하는 신고, 신청, 진술, 보고 등의 대행을 말한다)

③ 기술지도사의 전문분야 및 그 업무는 다음 각 호와 같다.
1. 기술혁신관리: 기술경영, 연구개발, 기술고도화의 진단·지도
2. 정보기술관리: 정보통신, 시스템응용, 소프트웨어의 진단·지도

3. 제1호 및 제2호와 관련된 상담, 자문, 조사, 분석, 평가, 확인, 증명 및 업무의 대행(중소기업 관계 법령에 따라 기관에 하는 신고, 신청, 진술, 보고 등의 대행을 말한다)

④ 제2항제6호 및 제3항제3호에 따른 중소기업 관계 법령은 중소벤처기업부 소관 법령 등 중소기업의 경영 또는 기술과 관련된 법령으로서 그 구체적인 범위는 대통령령으로 정한다.

신규로 제정된 법률을 보면 기술지도사의 경우는 경영지도사와 달리 기술혁신관리와 정보기술관리 2개의 지도 분야로 나누어진다.

기술지도사 중에서도 정보처리분야는 정보통신, 시스템응용, 소프트웨어 등 정보처리의 진단·지도 등 정보기술 관리업무가 주요 업무라고 볼 수 있다.

그러나 취득 후에는 경영지도사와 기술지도사 구분 없이 컨설팅이나 평가위원, 자문, 강의 등 다양한 업무를 수행할 수 있다. 이 부분에 대해서는 '4장. 기술지도사 취득 후 활용방안'에서 자세하게 설명할 예정이다.

1.3 기술지도사와 다른 자격사의 차이

먼저 같은 자격사인 경영지도사와 비교해보면, 경영지도사와 기술지도사는 같은 지도사이지만 수행하는 업무가 다르고, 법령에 명확하게 명시되어 있다.

〈표 1〉과 같이 경영지도사와 기술지도사는 중소기업 경영지도 및 기술지도에 특화되어 있고 상호보완적이다.

〈표 1〉 경영지도사와 기술지도사의 차이

구분	경영지도사	기술지도사	
관련 부서	중소벤처기업부		
지도 분야	인적자원관리, 재무관리, 생산관리, 마케팅관리	(이전)	기계, 금속, 전기전자, 섬유, 화공, 생산관리, 정보처리, 환경, 생명공학

구분	경영지도사	기술지도사	
		(변경)	기술혁신관리, 정보기술관리
장점	• 폭넓은 분야로 진출 가능 • 자격자 수가 많아 기술지도사보다 많이 대중화됨	• 지도 분야별 기술 전문성 인정 • 4차 산업혁명시대 기반기술로 활용도가 넓음	
단점	• 많은 자격자 수로 경쟁자 다수	• 기술사와 시장경쟁 중첩 및 과열	
특징	**중소기업·소상공인 등 특화된 분야 강점**		

수행하는 업무로 보면 정보처리기술사와 정보시스템감리사와 유사하다. 또한 시험과목 역시 유사하다.

〈표 2〉 정보처리기술사와 정보시스템감리사 비교

구분	정보처리기술사	정보시스템감리사
종류	국가기술자격	국가공인 민간자격
법령	국가기술자격법	-
관련 부서	과학기술정보통신부	한국지능정보사회진흥원(NIA)
종류	• 정보관리기술사 • 컴퓨터시스템응용기술사	-
특징	국가자격법에 의거한 최고난이도 자격증	정보시스템 감리 수석감리원
시험 방법	단답형 및 주관식 논술형	감리 및 사업관리, 소프트웨어공학, 데이터베이스, 시스템구조, 보안 5개 과목 객관식
합격	100점을 만점으로 하여 60점 이상	각 과목 40점 이상인 자 중 고득점자순

1.4 기술지도사 취득 시 장점과 우대사항

그러면 기술지도사를 취득하면 어떤 장점이 있는지 알아보자.

1) 기존 업무능력 향상

지식이 넓어짐에 따라 업무를 바라보고 고민하는 부분이, 단편적이거나 지엽적이지 않고, 넓고 다양한 시각으로 바라보게 된다. 그리고 학습하면서 다양한 지식을 보유하게 되므로, 어떤 업무를 수행하게 되더라도 여러 업무를 수행하는 데 많은 도움을 준다.

2) 커리어의 변화

일반적으로 업무에 대한 경험과 지식이 쌓이면, 계속 그 분야로만 경력이 쌓이게 되어 커리어를 변경하거나 확장하기가 용이하지 않다. 커리어를 변경하려면 그만큼 지식과 업무경험을 인정받아야, 최소한 현재의 지위와 위치를 고수할 수 있는데 그렇게 되기가 매우 어렵다.

그러나 기술지도사를 취득하면, 자격사로서의 지식에 대한 전문성을 인정받아 커리어의 변경과 확장이 매우 용이하다.

필자 역시 기술지도사를 취득하면서 업무영역과 경험이 확장되어 SW개발자로 시작해서, PM(Project Manager), IT기획자, PMO(Project Management Officer), 컨설턴트, 정보보호전문가, 심사원, 개인정보보호 교육 전문강사, 저자 등 지속적으로 변화하면서 확장되었다.

이외에도 스스로의 관심과 지식습득의 방향에 따라 창업지도 컨설턴트, 액셀러레이터, 중소기업엔젤투자자, CTO(Chief Technology Officer), CIO(Chief Information Officer), CISO(Chief Information Security Officer), CPO(Chief Privacy Officer), 혹은 자문회사 대표, 투자회사 대표 등 다양한 모습으로 변화하는 데 도움을 준다.

3) 기존 업무 외 새로운 업무 추가

기존의 업무 외적으로도 다양한 대외활동의 기회를 얻을 수 있고, 대외활동 속에서 또 다른 업무 능력을 확보할 수 있으며 새로운 기회가 제공되기도 한다.

4) 기술지도사 취득 시 우대사항

기술지도사를 취득할 때 우대사항에 대해서는 현재 별다른 자료는 없다. 다만 유사한 자격사인 경영지도사는 취득할 경우 다음과 같이 승진 및 취업 시 가산점이 주어진다.

- 공공기관: 신용보증기금, 신용보증재단, 중소기업진흥공단, 국립공원관리공단, 한국마사회 등 채용 시 자격사항 우대
- 공공기관 중 국립공원관리공단은 기술사급 우대 및 인천항만공사는 세무사, 법무사, 공인노무사와 동일한 가산점(6점)
- 공공기관 중 축산물품질평가원은 대한민국 공인회계사와 동일한 가산점(3%)
- 유통기업 'BGF리테일' 법무/재무 등의 분야에서 가산점 우대조건
- 대기업 삼성그룹에서 승진 시 회계사, 노무사 등과 같이 동일한 가산점(최고점)
- 은행: 승진 등 인사고과 점수반영
- 장교 지원 시 경리장교 임관 우대
- 공무원 승진 등 성과평가 가산점: 중소기업청, 기획재정부, 국방부, 문화체육관광부, 보건복지부, 산업통상자원부 등 자격증 최고점
- 농협중앙회 지원 시 회계사, 세무사, 감정평가사, 변호사와 동일한 '전문자격증'으로 지원가능
- 한국철도공사(KORAIL) 지원 시 법무사, 세무사, 공인노무사, 감정평가사 등과 같이 동일한 기능장 가산점(최고점, 6점) 인정
- 수협중앙회: 경영컨설턴트 직군으로 공인회계사와 경영지도사를 별도로 선발
- 서울신용보증재단 등 대부분의 지방 신용보증재단의 경우 선발과 승진에서 회계사와 동일한 우대

이외에도 학점은행제도에서 30학점을 인정받을 수 있다.

1.5 기술지도사 취득절차 및 자격시험

자격시험 문제출제 및 관리는 현재 한국산업인력공단에서 주관하고 있다.

- http://www.q-net.or.kr

시험은 연 1회만 시행하고 있다.

기술지도사(경영지도사도 동일)를 취득해서 활용하려면 <그림 1>과 같이 다음과 같은 단계를 거쳐야 한다.

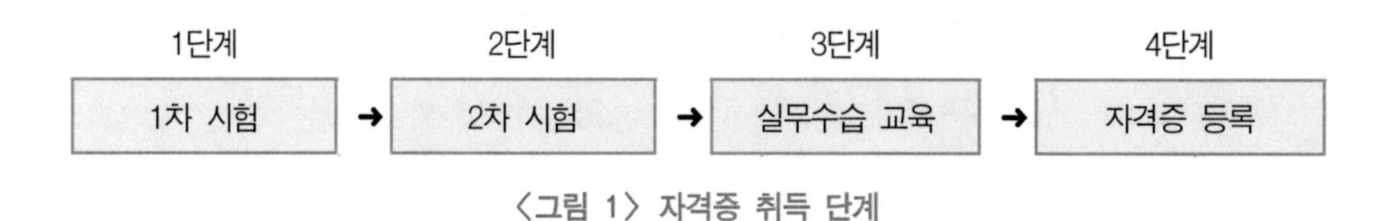

〈그림 1〉 자격증 취득 단계

자격증을 취득하더라도 기술지도사로 활동할 수 없다. 이 부분은 다른 자격사와 다른 점으로, 실무수습 교육 후 중소벤처기업부에 지도사로 등록되어야, 지도사 명칭을 사용할 수 있고 기술지도사로 활동할 수 있다. 일단 우리 독자는 1단계와 2단계 자격증 시험에 합격하는 것이 목표다.

자격증 취득 절차는 다음과 같다.

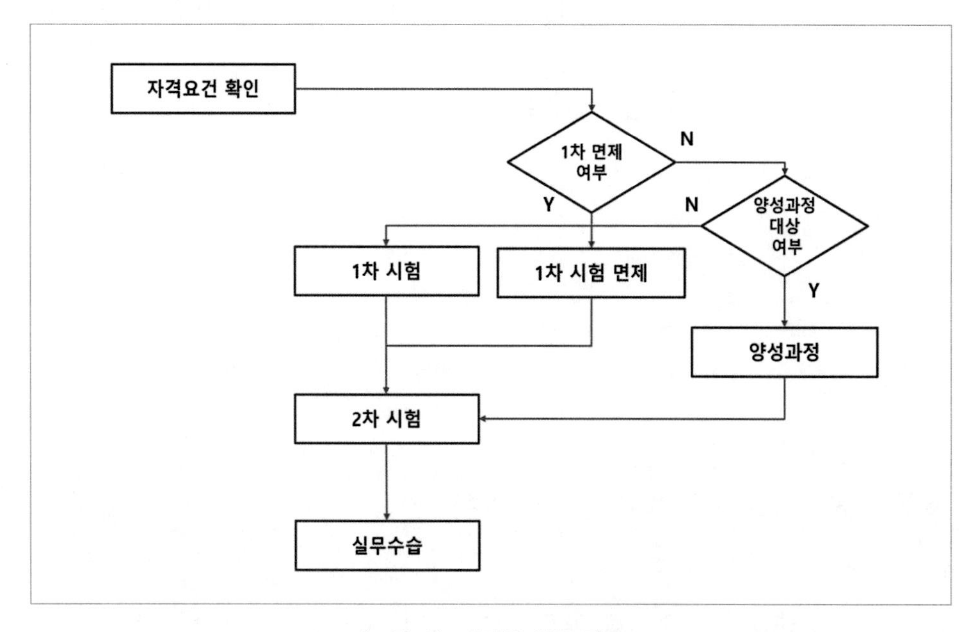

〈그림 2〉 자격증 취득 절차

자격시험은 1차 시험과 2차 시험으로 구분되어 있다.

1차 시험은 다음과 같다.

객관식 시험으로 1교시당 120문제씩 120분간 총 2교시간 시험이 치러진다.

〈표 3〉 제1차 시험

구분	교시	시험과목	문항 수	시험시간	시험방법
제1차 시험	1	1. 중소기업관련법령 2. 공업경영학 3. 자연과학 개론	과목당 40문항	120분	객관식 5지선택형
	2	1. 기업진단론 2. 조사방법론 3. 영어	과목당 40문항	120분	

2차 시험은 논술형 및 약술형 시험으로 총 3교시 동안 논술형 2문항, 약술형 4문항 총 6문항으로 90분간 치러진다. 논술 시험은 제한된 시간 내에 주어진 문제에 대해, 지식을 논리적으로 정리해서, 손으로 직접 써서 서술하는 시험으로 지식과 논리, 그리고 필력을 필요로 하는 매우 어려운 시험방식이다.

〈표 4〉 제2차 시험

구분 (지도분야)	시험과목			문항 수	시험 시간	시험 방법
	1교시 (09:30~11:00)	2교시 (11:30~13:00)	3교시 (14:00~15:30)			
기계분야	기계공작법	재료역학	기계설계	과목당 논술형 2문항 약술형 4문항	90분	논술형 및 약술형
금속분야	일반금속재료	금속가공	금속열처리			
전기전자분야	전기기기	전기전자재료	공업계측제어			
섬유분야	섬유재료학	염색가공	섬유시험법			
화공분야	유기고분자공업	무기재료공업	화학공업양론			
생산관리분야	생산계획	품질관리	수요관리			
정보처리분야	정보통신개론	시스템응용	소프트웨어공학			
환경분야	환경공학개론	폐기물처리	대기오염제어			
생명공학분야	유전공학개론	생명과학	생화학			

합격기준은 1, 2차 시험 모두 매 과목 100점을 만점으로 하여 매 과목 40점 이상, 전 과목 평균 60점 이상 득점하면 합격이다.

1차 시험부터 합격하면서 기술지도사를 취득하는 것도 좋은 방법이지만, 1차 시험은 일부 조건이 되는 경우에는 면제가 되는 제도가 있으니, 응시자가 이 조건에 해당되는지 확인해보자.

ㅁ **면제 대상자**

1) 「국가기술자격법」에 따른 기술사 및 기능장
   - 1차 시험 면제지원신청서 1부

2) 경영·경제 분야 또는 자연과학 분야의 박사학위 소지자로서 「고등교육법」 제2조 각 호에 따른 학교에서 3년 이상 전공 분야에 관한 강의 경력이 있거나 법률 제44조에서 정한 지도실시기관에서 3년 이상 경영지도 또는 기술지도와 관련되는 근무경력이 있는 자
   - 1차 시험 면제지원지청서 1부
   - 학위증명서 사본 1부(원본제시)
   - 경력(재직)증명서 1부
   - 국민연금·의료보험·고용보험(중 택일) 가입증명서 1부(공무원 제외)

3) 중소기업과 관련되는 과정을 설치한 대학에서 해당 분야 석사학위를 취득하고 관련 분야에서 5년 이상의 실무경력이 있는 자
   - 1차 시험 면제지원지청서 1부
   - 학위증명서 사본 1부(원본제시)
   - 경력(재직)증명서 1부
   - 국민연금·의료보험·고용보험(중 택일) 가입증명서 1부(공무원 제외)

4) 「국가기술자격법」에 따른 기사로서 7년 이상, 산업기사로서 9년 이상의 해당분야에 관한 실무경력이 있는 자
   - 1차 시험 면제지원지청서 1부
   - 경력(재직)증명서 1부
   - 국민연금·의료보험·고용보험(중 택일) 가입증명서 1부(공무원 제외)

5) 「공인회계사법」에 따른 공인회계사로서 5년 이상의 실무경력이 있는 자

- 1차 시험 면제지원지청서 1부
- 자격증 사본 1부
- 경력(재직)증명서 1부
- 국민연금·의료보험·고용보험(중 택일) 가입증명서 1부(공무원 제외)

6) 제46조(지도사의 자격 요건 등)제3항 따라 1차 시험에 합격한 자에게는 다음 회의 시험에서 1차 시험을 면제하고 제49조(지도사의 양성과정)에 따라 양성과정을 마친 자에게는 해당연도와 다음 회의 시험에서 1차 시험을 면제한다.

※ 경영지도사 또는 기술지도사 자격취득자가 동일한 지도사 시험의 분야를 달리하여 응시할 때에는 1차 시험을 면제함

※ 상기 1)호, 4)호 자격종목은 지도사 제2차 시험분야와 동일 직무분야에 한함

※ 상기 2)호부터 5)호까지의 경력은 학위 취득 후 또는 자격취득 후 해당분야에서의 경력을 말함

※ 2)호 내지 5)호와 관련하여 해당 수험자 중 면제서류를 공단에 기제출한 수험자는 제출생략

※ 4)항에 해당하는 수험자의 국가기술자격 취득 사실은 공단에서 전산 조회

기사자격증이나 기술사 자격증을 보유하고 있고 일정한 경력을 보유하고 있으면 1차 시험 면제가 가능하다.

기술지도사 시험은 합격하기가 매우 어렵다.

큐넷(Q-Net)에서 제공하는 최근 5년간의 통계자료를 보면 합격률이 매우 낮음을 알 수 있다.

〈표 5〉 최근 5년간 통계자료

구분		2015	2016	2017	2018	2019
1차	대상	31	25	37	56	39
	응시	9	7	13	15	17
	응시율(%)	29.03%	28.0%	35.13%	26.78%	43.58%
	합격	-	-	1	2	3

구분		2015	2016	2017	2018	2019
	합격률(%)	0%	0%	7.69%	13.33%	17.64%
2차	대상	119	118	111	132	151
	응시	65	65	59	75	72
	응시율(%)	54.62%	55.08%	53.15%	56.81%	47.68%
	합격	11	16	10	21	32
	합격률(%)	16.92%	24.61%	16.94%	28.0%	44.44%

2차 시험까지 합격하고 나면 <그림 3>과 같이 "지도사자격증"을 손에 넣을 수 있다. 그러나 아직 한 단계가 더 남아있다. 기술지도사는 시험을 합격하고 난 후, 실무수습 과정을 이수해야 하고, 중소기업벤처부에 기술지도사 등록을 해야 한다. "기술지도사등록증"이 있어야 기술지도사로 활동할 수 있다.

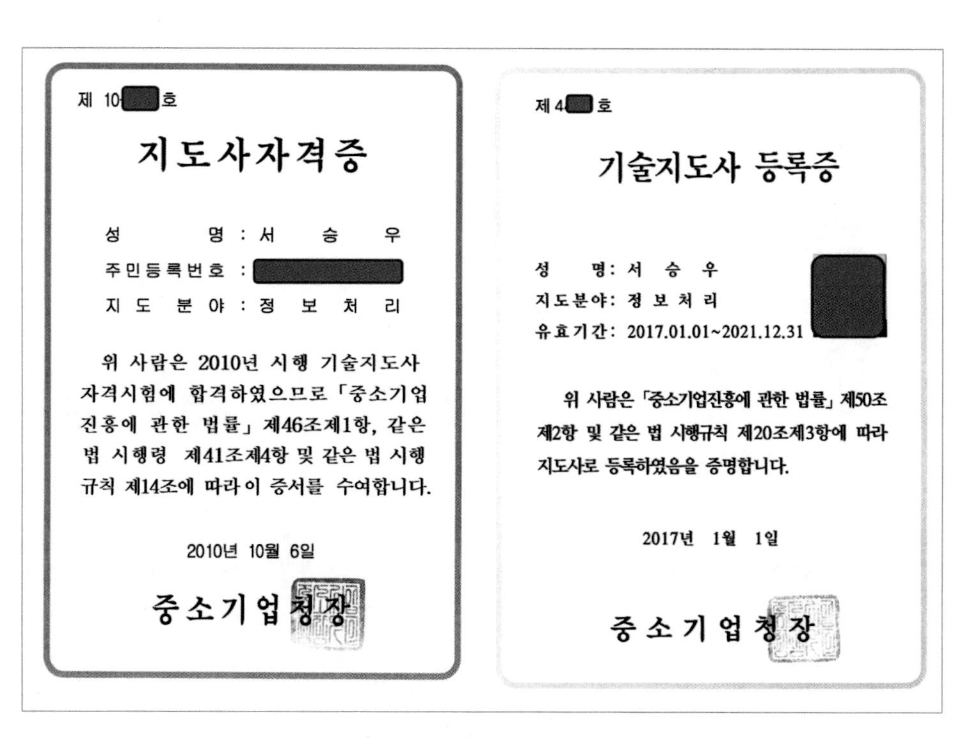
제 10 호

지도사자격증

성 명 : 서 승 우

주민등록번호 :

지 도 분 야 : 정 보 처 리

위 사람은 2010년 시행 기술지도사 자격시험에 합격하였으므로 「중소기업진흥에 관한 법률」 제46조제1항, 같은 법 시행령 제41조제4항 및 같은 법 시행규칙 제14조에 따라 이 증서를 수여합니다.

2010년 10월 6일

중소기업청장

제 4 호

기술지도사 등록증

성 명 : 서 승 우

지도분야 : 정 보 처 리

유효기간 : 2017.01.01~2021.12.31

위 사람은 「중소기업진흥에 관한 법률」 제50조 제2항 및 같은 법 시행규칙 제20조제3항에 따라 지도사로 등록하였음을 증명합니다.

2017년 1월 1일

중소기업청장

<그림 3> 기술지도사 자격증과 등록증

CHAPTER 02

시험준비

CHAPTER

02

시험준비

2.1 논술시험 3요소

먼저 기술지도사는 논술시험이기 때문에 이 시험에 합격하기 위해서는 다음과 같은 3가지 역량이 필요하다.

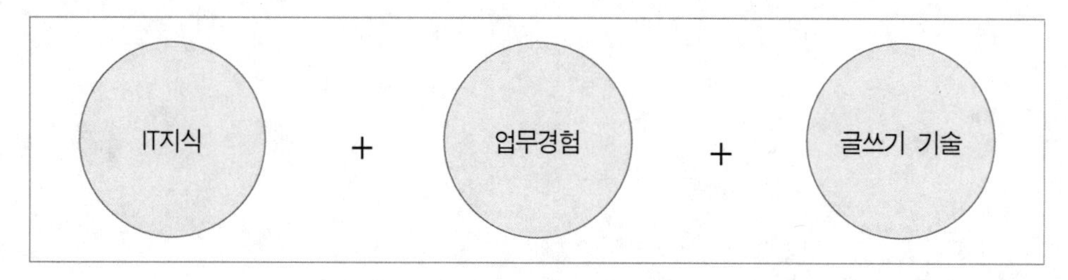

〈그림 1〉 논술시험 3요소

1) IT지식

소프트웨어, 데이터베이스, 시스템 구조 및 응용, 네트워크, 정보보호 등 IT직무와 직/간접적으로 관련한 지식에 대하여 질문한다.

2) 업무경험

대부분의 출제문제를 보면 IT지식과 업무 수행 시 발생하는 문제점에 대해 해결방안을 질문하는 경우가 많아서 업무경험이 중요하다.

3) 글쓰기 기술

논술시험은 물어본 질문에 대해 어떻게 논리적으로 정리할지, 어떤 순서로 답안을 표현할지를 정리해서 제한된 시간 내에 글로 표현해야 한다. 같은 내용이라도 글쓰기 기술에 따라, 채점자가 느끼는 역량의 차이가 크고, 지식에 대한 전문성의 차이가 달라 보인다.

2.2 기술지도사 2차 시험 준비 방법

1차 시험은 객관식 시험으로 이 부분은 수험생이 각자 자기만의 방식으로 공부하도록 하자. 이 도서에서는 2차 시험에 대한 대비가 목표이다.

2차 시험은 약술형과 논술형으로 구분된다.

〈표 1〉 시험문제 유형

구분	설명
약술형	지식을 물어보는 용어형 문제가 많다. 대략 1~2페이지 내외로 답안을 작성한다.
논술형	다양한 지식을 결합하거나 지식과 더불어 해결방안, 구축방안 등 해결책을 같이 물어보는 문제가 많다. 대략 3~3.5페이지 내외로 답안을 작성한다.

기술지도사 시험은 관련 분야의 지식을 보유하고 있는가와 논술을 통해 글로 논리적으로 표현하여 설득할 수 있는가를 테스트하는 시험이기에 지식과 논술 능력을 모두 보유하고 있어야 하는 준고시급의 시험이다.

논술형 답안지는 다음과 같이 되어 있는데, 총16페이지에 걸쳐 제한된 시간 내에 답안을 작성해야 한다.

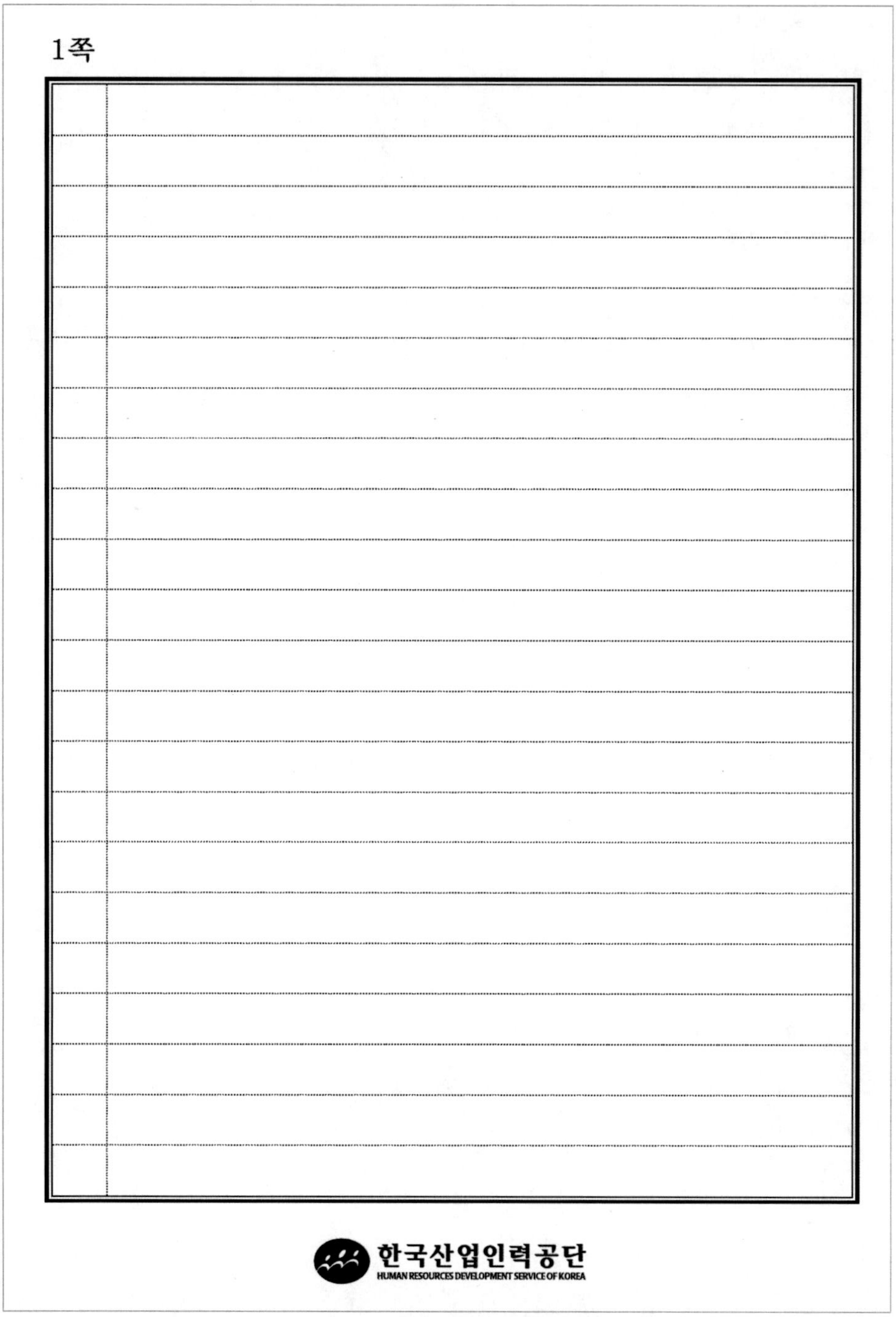

1쪽

한국산업인력공단
HUMAN RESOURCES DEVELOPMENT SERVICE OF KOREA

〈그림 2〉 국가전문자격 논술형 답안지

페이지당 22줄이며, 모두 16페이지로 구성되어 있다. 매 교시마다 이 16페이지 답안지를 이용하여 답안을 작성해야 한다.

통상 6문제 중 4문제 정도가 약술형이고 2문제 정도가 논술형으로 출제된다. 전체 답안지가 16페이지이므로 약술형은 1~2페이지 이내로 답안을 작성하고 논술형은 3~4페이지 정도로 답안을 작성하면 된다. 물론 질문에 맞는 정답을 작성하였으면 페이지 수가 적더라도 충분하다.

2.3 논리적으로 글쓰기

1) 연역법과 귀납법

기억하는지 모르겠지만 우리는 초등학교, 중학교, 고등학교를 거치면서 학교에서 연역법과 귀납법에 대해 배웠다.

연역법과 귀납법의 차이를 알고 있는가?

연역법은 일반적으로 알려진 명제를 바탕으로 추론 규칙에 따라 결론을 이끌어 내는 것을 말하다. 즉 결론을 먼저 이야기하고 그 이유를 설명한다.

연역법 예)

모든 사람은 죽는다.

철수는 사람이다.

그러므로 철수는 죽는다.

귀납법은 관찰과 경험 등에 대한 사실과 공통성으로부터 보편적인 명제 및 법칙을 유도하는 것을 말한다. 즉 이유나 사유를 먼저 설명한 후 결론을 도출한다.

귀납법 예)

사람인 철수는 죽는다.

사람인 영희는 죽는다.

이들은 모두 사람이다.

그러므로 모든 사람은 죽는다.

2) 미씨(MECE, Mutually Exclusive Collectively Exhaustive)

"중복 없이 누락 없이"라는 의미로 맥킨지라는 전략컨설팅 기업에서 처음 사용하던 용어다.

가장 쉬운 예로 성별이 있다. 성별은 남자와 여자로 구분되며, 전체적으로 상호중복도 없고, 누락도 없다. 또 다른 예로 직업이 있다. 직업은 한 사람이 한 개의 직업만 가지는 것이 아니라 "겸업"을 통해 2개 이상의 직업을 가질 수 있기 때문에 MECE로 나눌 수 없다.

이외에도 다양한 예시가 있다.

계절은 봄·여름·가을·겨울이 있고, 시장은 B2B(Business to Business)와 B2C(Business to Customer)로 나눌 수 있다.

2.4 답안 작성 방법

답안은 기, 승, 전, 결의 순으로 작성한다.

주어진 문제에 따라 무작정 답안을 작성하는 게 아니라 논리적으로 단락을 구성하여 작성하여야 한다.

약술형은 3단락 형태로, 논술형은 4단락 형태로 작성하는 게 훨씬 보기도 좋고 채점자가 읽기에도 용이하다.

답안을 풀어서 쓰는 게 좋은지 개조식으로 쓰는 게 좋은지는 다양한 의견이 있지만, 개조식으로 작성하는 편이 요약하기 좋고 채점자가 읽기에도 좋은 면이 있다.

1) 약술형 답안 작성하기

약술형은 지식을 물어보는 문제가 대부분으로 단답형을 요구하기도 하지만 간혹 기술에 대한 정의 등을 요구할 때가 있다.

1단락은 기승전결 중 기에 해당하는데 질문에 대한 개요나 정의, 필요성 등을 작성한다. 2단락은 기승전결 중 승전에 해당하는데 질문의 구성도나 구성요소, 장단점 등 기술의 세부적인 부분에 대하여 작성한다. 3단락은 기승전결 중 결에 해당하고 문제점 및 발전방향, 적용사례 및 현황 등을 작성하면서 답안을 마무리한다.

대부분 기술 중심으로 작성하고, 키워드와 기술을 바탕으로 비교표를 작성하면 좋고 답안 작성 시간이 부족하면 3단락은 제외해도 무방하다.

〈표 2〉 약술형 답안 구성 방법

구분	관점	내용
1단락	Why	• 정의 • 필요성/주목받는 이유/추진배경/요구기능/특징
2단락	What	• 요소기술/주요기능/구성요소/비교/장단점 • 비즈니스/정보기술
3단락	How	• 적용사례 및 현황 • 최신동향, 경험 • 적용사례/활용방안 • 문제점 및 발전방향 • 자신의 의견 • 주요이슈(고려사항) • 활용분야 및 기술동향

다음은 1교시 답안 예시다.

문 1) 엔터프라이즈 2.0
답)
1 . 엔터프라이즈 2.0의 개요
가. 엔터프라이즈 2.0의 개념
-
나. 엔터프라이즈 2.0의 등장배경
-
-
-
2 . 엔터프라이즈 2.0의 주요기술 및 IT거버넌스와 비교
가. 엔터프라이즈 2.0의 주요기술

구성기술	기술의 내용	비고

나. 엔터프라이즈 2.0과 IT거버넌스 비교

구분	엔터프라이즈 2.0	IT 거버넌스

-N-

3 . 엔터프라이즈 2.0의 도입방안과 발전방향
가. 기업내 엔터프라이즈 2.0 도입방안
-
-
나. 엔터프라이즈 2.0의 발전방향
-
"끝"

-N-

〈그림 3〉 1교시 답안 예시

그럼 실제 사례를 통해 비교해보자.

만약 다음과 같은 문제가 주어졌다고 하자.

문제

접근통제의 3가지 모델에 대하여 설명하시오.

서술식과 개조식으로 작성해서 비교해보자.

동일한 지식을 바탕으로 답안을 작성하였지만, 채점자가 보기에는 오른쪽 개조식으로 작성한 답안이 더 논리적으로 보여지고, 가독성도 좋으며, 훨씬 지식이 더 정립되어 있다고 느껴지기에 더 좋은 점수를 주게 된다.

문	1) 접근통제 모델
답	)
1	. 강제적 접근통제(MAC, Mandatory Access Control)
	- MAC모델에서 사용자들은 자원에 대한 권한을 관리자로 부
	터 부여받는다. 그리고 오직 관리자만이 객체과 자원들에 대한
	권한을 할당할 수 있다. 자원에 대한 접근은 사용자에게 보안
	등급이 주어진 동안에 대상의 보안레벨에 기반한다. 관리자만
	이 객체의 보안레벨 또는 사용자 보안등급을 수정할 수 있다.
	정보시스템 내에서 어떤 주체가 어떤 객체에 접근하려 할 때
	양자의 보안레이블 정보에 기초하여 높은 보안을 요하는 정보
	가 낮은 보안수준의 주체에게 노출되지 않도록 접근을 제한
	하는 접근통제 방법이다
2	. 임의적 접근모델(DAC, Discretionary Access Control)
	- DAC은 자원에 대한 접근을 사용자계정에 기반한다. 사용자
	는 자원과 관련된 ACL이 수정됨으로써 자원 대한 권한을 부여
	받는다. DAC에서는 사용자 또는 그룹이 객체의 소유자일때
	다른 사용자나 그룹에 권한을 부여할 수 있다. DAC모델은
	자원에 대한 소유권에 기반한다.
	1) 접근통제 정책의 하나로 시스템 객체에 대한 접근을 사용
	자 개인 또는 그룹의 식별자를 기반으로 제한하는 방법
	2) 주체 및 객체의 신분 및 임의적 접근통제 규칙에 기초하여
	객체에 대한 주체의 접근을 통제하는 기능

-N-

문	1) 접근통제 모델
답	)
Ⅰ	. 접근제어의 개요
	가. 접근제어의 정의
	- 정보시스템과 내부자원에 대한 비인가된 접근 감시, 사용자
	식별(인증), 접근기록, 보안정책에 근거한 권한부여 기술
	나. 접근제어의 유형
	- 강제적 접근제어 : MAC(Mandatory Access Control)
	- 임의적 접근제어 : DAC(Discretionary Access Control)
	- 역할 기반 접근제어 : RBAC(Role-Based Access Control)
Ⅱ	. 접근제어 정책
	가. 임의적 접근통제(DAC, Discretionary Access Control)
	1) DAC의 개요
	- DAC은 자원에 대한 접근을 사용자계정에 기반함
	- 사용자는 자원과 관련된 ACL이 수정됨으로써 자원 대한
	권한을 부여 받음
	2) DAC의 방법
	- Capability List : 행 중심 표현형태, 객체가 적은 경우
	- ACL(Access Control List) : 열 중심 표현형태
	나. 강제적 접근통제(MAC, Mandatory Access Control)
	1) MAC의 개요
	- 비밀성을 갖는 객체에 대하여 주체가 갖는 권한에 근거하여

-N-

〈그림 4〉 답안 작성 시 서술식과 개조식 비교

2) 논술형 답안 작성하기

논술형은 지식과 경험을 물어보는 질문이 많으므로, 약술형보다 논리적으로 답안을 작성해야 한다.

1단락은 기승전결 중 기에 해당하는데, 질문에 대한 개요나 정의, 필요성 등을 작성 한다. 2단락은 기승전결 중 승에 해당하는데, 질문의 구성도나 구성요소, 장단점 등 기술의 세부적인 부분에 대하여 작성한다. 3단락은 기승전결 중 전에 해당하고 문제점, 적용사례, 기대효과, 추진절차 등을 작성한다. 4단락은 기승전결 중 결에 해당하고 향후전망, 발전방향, 활성화 방안 등을 작성하면서 답안을 마무리한다.

〈표 3〉 논술형 답안 구성 방법

구분	관점	내용
1단락	Why	• 정의 • 필요성/추진배경/요구기능/특징

구분	관점	내용
2단락	What	• 요소기술/주요기능/구성도/구성요소 • 비교/장단점/특징
3단락	How	• 고려사항/문제점 및 대응방안 • 적용사례/도입방법론 • 활용방안/기대효과 • 추진절차/장단점
4단락	The more how (실무적인 성공요소)	• 활성화 방안/현황 • 향후전망 및 발전방향 • 의견/도입 시 고려사항 및 현황

다음은 2교시 답안 예시다.

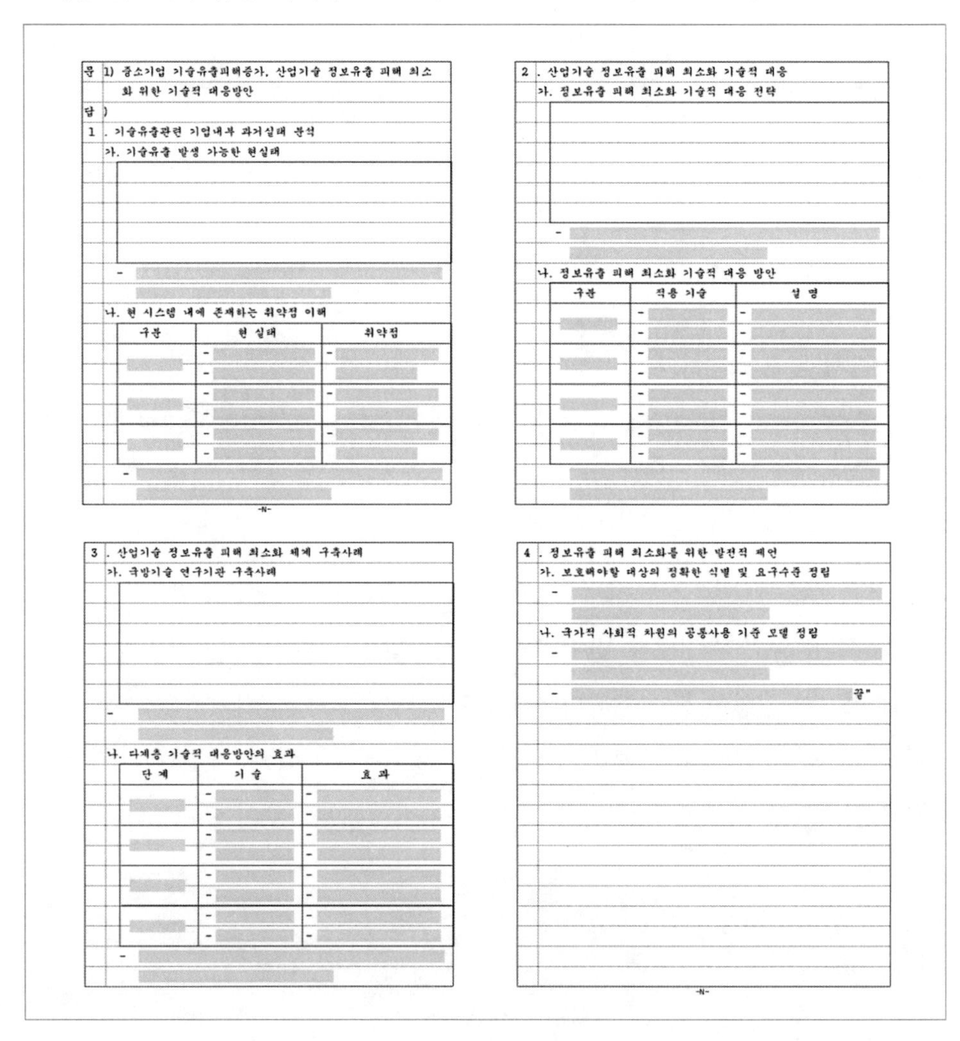

문 1) 중소기업 기술유출피해증가, 산업기술 정보유출 피해 최소화 위한 기술적 대응방안

답)

1 . 기술유출관련 기업내부 과거실태 분석

가. 기술유출 발생 가능한 현실태

나. 현 시스템 내에 존재하는 취약점 이해

구분	현 실태	취약점

-N-

2 . 산업기술 정보유출 피해 최소화 기술적 대응

가. 정보유출 피해 최소화 기술적 대응 전략

나. 정보유출 피해 최소화 기술적 대응 방안

구분	적용 기술	설 명

3 . 산업기술 정보유출 피해 최소화 체계 구축사례

가. 국방기술 연구기관 구축사례

나. 다계층 기술적 대응방안의 효과

단 계	기 술	효 과

4 . 정보유출 피해 최소화를 위한 발전적 제언

가. 보호해야할 대상의 정확한 식별 및 요구수준 정립

나. 국가적 사회적 차원의 공통사용 기준 모델 정립

끝"

-N-

〈그림 5〉 2교시 답안 예시

3) 그림과 표 그리는 방법

그림은 다음과 같이 그린다.

- 가독성 확보를 위한 템플릿자를 활용하여 템플릿 연습

실제로 시험장에서 시험 순간에 그림을 만들어서 사용하기는 힘이 들기도 하고 시험시간 내에 완료하기 힘들다. 따라서 평소에 그림 그리는 연습을 충분히 해야 한다.

- 기본 도형을 이용한 단순화와 좌우대칭

그림을 복잡하게 그려서는 전문가적 인식을 줄 수 없다. 최대한 단순하고 핵심만 간결하게 그린다.

그림을 그릴 때에는 인터넷 혹은 네트워크를 표현할 때 를 사용하는 경우가 있는데, 만화 같은 그림은 과감하게 버려야 한다. 그냥 네모( )나 동그라미( )와 같은 기본 도형으로 대체한다.

구성도 등의 그림을 그릴 때는 동그라미와 네모만 이용한다. 그러면 시간을 단축할 수도 있고 간결하게 그림을 그리게 된다.

그리고 그림의 균형을 맞추기 위해 좌우가 대칭이 되도록 그린다.

예를 들어보자. 다음은 자율컴퓨팅에 대한 그림이다.

다음 그림처럼 좌우균형이 맞게 그려야 한다.

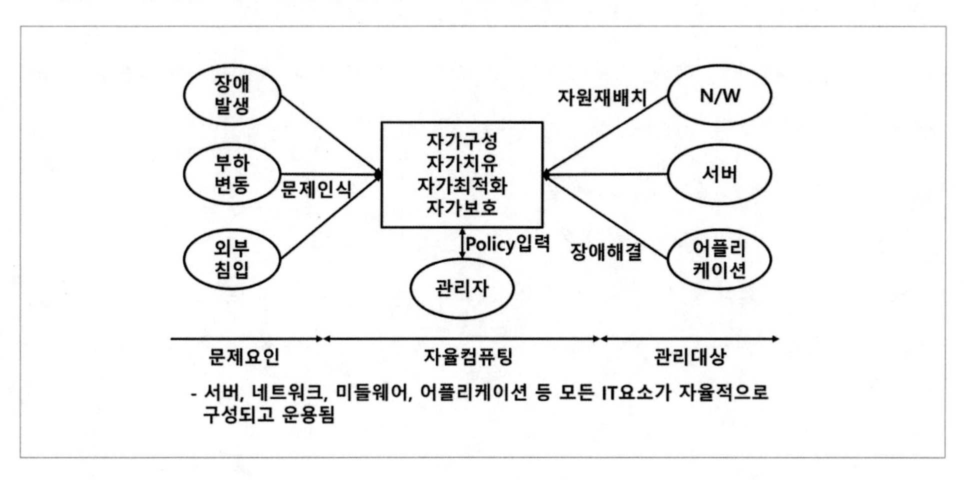

〈그림 6〉 자율컴퓨팅 그림

표는 다음과 같이 그린다.

예시와 같이 가장 많이 사용하는 표 예제는 3단표다.

구분이나 단계는 2칸에 걸친 네모로, 설명은 2줄에 걸쳐서 간략하게 한다.

비고나 산출물의 경우는 기타, 주의사항, 중점사항, 기술 등 다양하게 응용이 가능하다.

그리고 글의 내용에 따라 줄의 수는 가감을 하면 되고, 페이지에 대한 조정 역시 절차를 늘이거나 줄이면서 조절하여 깔끔하게 마무리 지을 수 있다.

2.5 답안 작성 시 유의사항

답안을 작성할 때에는 다음과 같이 유의한다.

1) 문제 선택 시 반드시 잘 쓸 수 있는 문제부터 접근한다.

첫번째 쓰는 답은 채점자에게 강한 인상을 줄 수 있으므로, 가능하면 가장 자신 있는 문제부터 선택하여 답안을 작성한다.

2) 답안의 정확성도 중요하지만 본인의 주관과 논리도 중요하다.

문제에 대한 답안의 정확도가 중요하지만, 본인의 주관과 논리도 중요하다. 기술지도사는 기술 컨설턴트의 역할을 수행하기 때문에 고객을 설득하기 위해서는 지식과 그 지식을 논리적으로 설명할 수 있어야 한다.

탑다운(Top-Down) 방식이나, 귀납법의 논리가 필요하다.

답안이 잘 정돈되어 있어야 하고, 단락을 빼면 논리가 안 되게 구성해야 하고 필요 없는 사항은 삭제한다.

3) 가독성(Readability)이 중요하다.

채점자도 사람이다. 많은 분량의 답안을 채점하는 채점자가 읽기 쉽고 눈에 잘 들어오게 작성해야 한다.

4) 물어본 질문에 정확히 대답하는 것이 합격의 핵심이다.

답안 작성시간, 답안량, 답안품질, 서론/본론/결론 등 밸런스(Balance)를 유지해야 한다. 너무 잘 아는 문제는 조금만 써야 한다. 아는 문제라고 너무 많은 답안을 쓰면 다른 문제를 풀 시간이 부족하여 다른 문제를 쓸 수 없고 품질도 떨어진다.

5) 주어진 문제가 왜 출제되었는지를 이해하고 현 상황에 이슈와 실행방안 등을 포함한다.

문제가 출제되었을 때에는 물어보고 싶거나 해결하고 싶은 이슈가 존재하므로 그런 부분을 답안에 포함하면 훨씬 고득점을 받을 수 있다.

예를 들어, 현재 가상화 기술에 대해서 문제가 나온다면, 가상화 기술은 물리적이고 논리적으로 확장성을 제공하던 기술이므로 이전부터 많이 다루어졌던 문제지만, 지금은 클라우드 서비스의 기반기술이므로, 클라우드 서비스를 언급해주면 훨씬 좋은 점수를 받을 수 있다.

6) 쉬운 문제일수록 최선을 다해야 한다.

내가 쉬우면 남도 쉽다. 모두가 풀 수 있는 문제는 답안 작성도 어렵다.

7) 한 가지 종류의 흑색 필기구를 사용해야 한다.

필기구는 한 가지 종류의 필기구만 사용해야 하고 흑색 필기구를 사용해야 한다. 간혹 청색 필기구를 사용하거나, 흑색 필기구와 청색 필기구를 번갈아 가면서 사용하는 수험자도 있는데 그럴 경우 비표로 인식하여 채점을 하지 않는 것이 원칙이므로 주의해야 한다.

8) 해당하는 문제번호와 문제를 첫줄에 요약해서 기재 후 답안을 작성해야 한다.

답안을 작성하려는 문제번호와 문제를 요약해서 기재한 후 답안을 작성해야 한다. 이때 문제의 순서는 상관없다. 가장 자신 있는 문제부터 풀면 된다.

예) 문제 1) 소프트웨어공학의 위기

9) 답안지의 칸 내에서 답안을 작성해야 한다.

답안을 답안지 밖으로 넘어가서 작성할 경우, 간혹 불필요한 글자나 특수기호 등이 있으면 비표로 인식되어 문제가 될 수 있다. 연속된 글자는 어쩔 수 없지만 가능하면 답안지 내에서 답안을 작성하는 편이 불필요한 오해를 줄일 수 있다.

2.6 손으로 글쓰기 훈련

2차 시험은 기본적으로 주어진 시간 내에 손으로 글을 써서 답안을 작성하는 시험이다. 요즘 컴퓨터 키보드를 이용해서 문서를 작성하거나 업무를 수행하다 보니, 글을 쓸 필요가 줄어들어 글씨도 괴발개발처럼 예쁘게 쓰이지도 않고 필력과 악력이 줄어들어 3교시까지 글을 쓰기가 어렵다.

그래서 이제부터는 별도로 손으로 글 쓰는 훈련을 해야 한다.

이제부터 필기를 위해서 필기도구도 시험용 볼펜으로 대체한다. 시험에 응시하기로 결심한 그날 이후부터, 논술 시험에 대비하기 위해 모든 필기구는 시험용 볼펜으로 대체한다.

조금이라도 필기구와 익숙해지고 더 많이 쓰는 연습을 위해, 회사 업무나 집에서 공부할 때, 회의할 때 기록을 하는 것, 모두 그 볼펜으로 기록하면서 볼펜에 익숙해지려고 노력한다. 회의록을 써야 하는 경우에도 먼저 손으로 기록을 하고, 그리고 다시 컴퓨터로 정리하는 방법을 쓰는 등 머릿속으로 딴생각을 할 때에도 손에는 필기구를 들고 무언가 끄적거리고 있도록 그렇게 익숙해져야 한다.

1) 논술에 적합한 필기구

거창하게 논술형 볼펜이라고 표현하였지만, 그런 볼펜이 별도로 존재하는 건 아니고, 논술형 시험에 적합하도록 글씨를 크고 두껍게 쓰기에 적절한 볼펜이라고 보면 된다.

보통 1.6mm 볼펜을 많이 사용하는데 꼭 1.6mm일 필요는 없고, 1.2~1.6mm 사이에서 수험자 본인의 필기 스타일과 글씨체 등을 고려해서 선택하면 된다.

스스로에게 적합한 볼펜을 찾아서, 원하는 글씨로 제 시간에 쓸 수 있도록 손에 익을 때까지, 지속적으로 연습하고 익숙해질 때까지 노력해야 한다.

"기술사 볼펜", "논술형 필기구", "논술시험 볼펜" 등 다양한 키워드로 검색하면 많은 정보가 나온다.

기술지도사는 글과 그림, 도표를 많이 사용하기에 볼펜 찌꺼기(일명 볼펜똥)가 적게 나와야 하고, 글씨가 예쁘게 보여야 한다. 사라사 등의 젤 잉크펜은 적합하지 않고 유성볼펜이 적합하다. 다음은 대표적인 필기구 예시다.

1-1) PILOT Super Grip G 1.6mm

요즘 새로이 출시되는 볼펜이다. PILOT Super-GP의 개량된 모델로 보이는데, 안타깝지만 일본펜이다. 추천하는 볼펜이다.

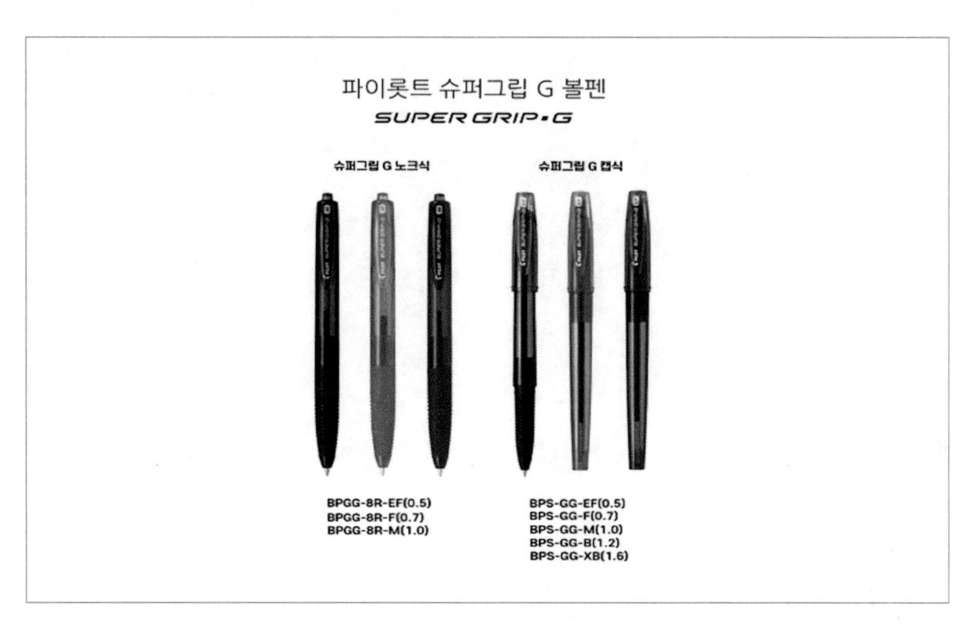

〈그림 7〉 파이롯트 수퍼 그립(출처: 구글)

1-2) PILOT Super-GP 1.6mm

기술사 시험과 기술지도사 시험에서 가장 많이 사용하는 볼펜이다. 두껍게 써지고 부드럽게 써진다.

〈그림 8〉 파이롯트 수퍼 GP(출처: 구글)

1-3) 동아 애니볼 501 1.6mm

국내에서 만드는 1.6mm 볼펜이다. 가격은 몇백 원대로 가장 저렴하다. 그립이 두꺼워 장기간 필기하기에 용이하여 이 펜으로 학습하여 시험에 합격하는 수험생들도 점차 많아지고 있다.

〈그림 9〉 동아 애니볼(출처: 구글)

1-4) ZEBRA Tapli clip 1.6mm

제브라에서 나온 1.6mm 볼펜이다. 두껍게 써진다.

〈그림 10〉 제브라 타프리 클립(출처: 구글)

2) 글쓰기 연습

요즘 대부분의 사람들은 컴퓨터를 이용해서 문서를 작성하기 때문에, 손으로 쓴 글씨가 예쁘지 않을 가능성이 매우 높다. 그렇기 때문에 손글씨 쓰기를 별도로 연습하는 수험자도 존재하고 이와 관련한 도서도 존재한다.

대표적인 고시체로 유명한 도서 백강 고시체이다. 온라인이나 오프라인 서점에서 『백강 고시체 교수·학습: 고시 전문서 고시 답안지 글씨 쓰기』를 검색해보면 나온다.

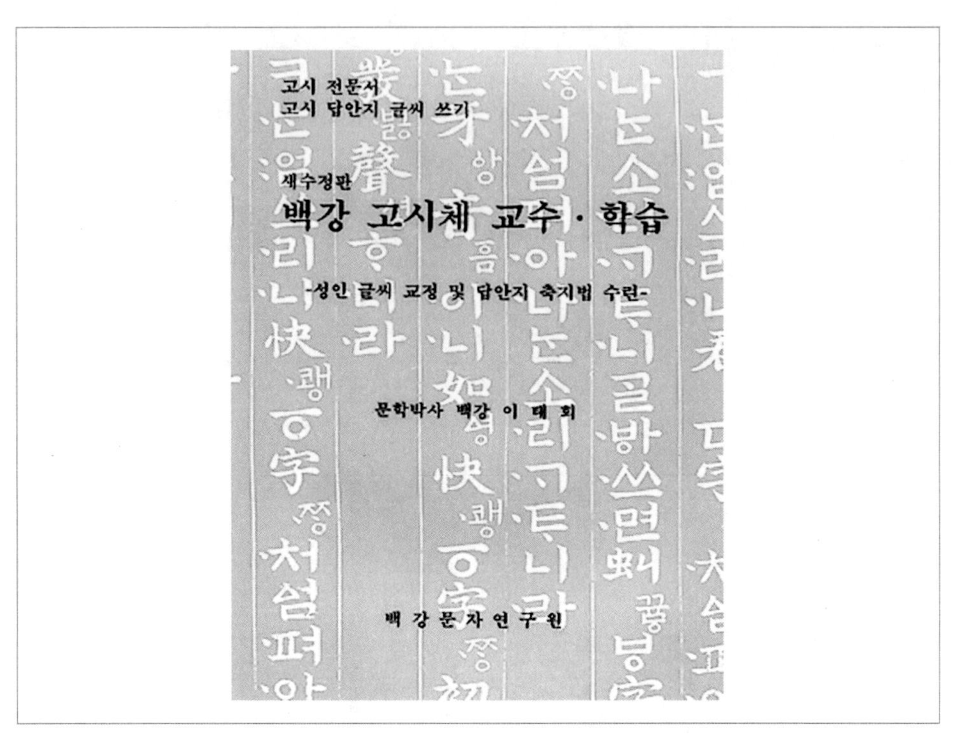

〈그림 11〉 백강 고시체(출처: 교보문고)

글씨체를 변경한다는 것은 매우 어렵다. 열심히 노력해서 변경하더라도 마음이 다급해지거나 초조해지거나, 아무런 생각 없이 글씨를 쓰다 보면, 다시 원래대로 돌아간다. 가독성을 높이는 본인만의 글씨체를 만들려고 노력해야 한다.

2.7 답안지 작성 실제 사례

답안지 작성 실제 사례를 보자.

시험 답안지는 외부로 유출되지 않거니와 시험에 합격한지 오래되기도 하였고, 과거에는 답안지 구성이 지금의 답안지와는 상이하였으며, 논술형이다 보니 학습하면서 답안을 작성하는 방법이 개개인이 다르기도 하므로 이 점은 양해를 바란다.

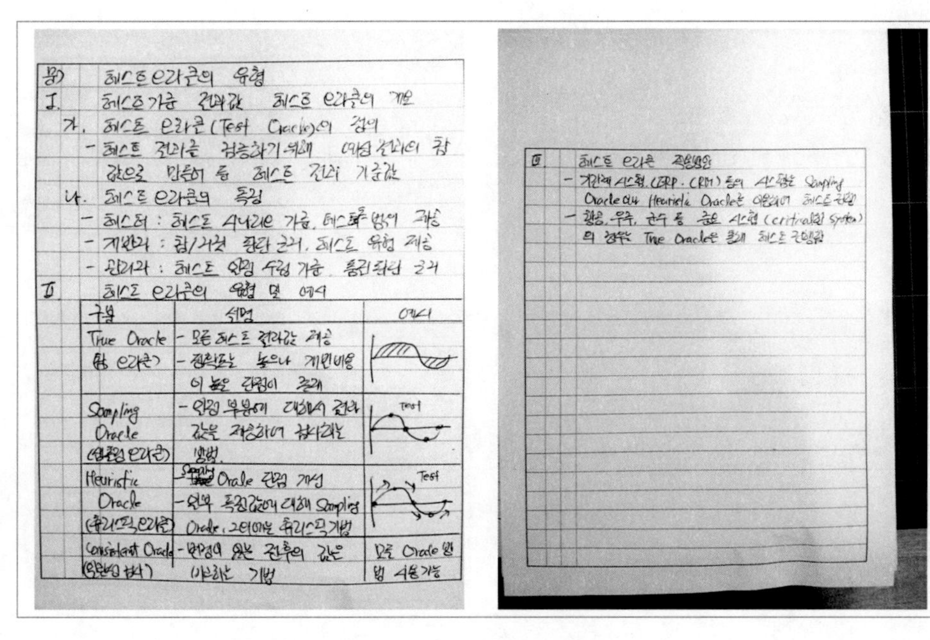

문) 테스트 오라클의 유형

I. 테스트 기준 결과값 테스트 오라클의 개요

가. 테스트 오라클(Test Oracle)의 정의

- 테스트 결과를 검증하기 위해 예상 결과의 참 값으로 만들어 둔 테스트 결과 기준값

나. 테스트 오라클의 특징

- 테스터 : 테스트 시나리오 기준, 테스트 방식 제공
- 개발자 : 참/거짓 판단 근거, 테스트 유형 제공
- 관리자 : 테스트 완료 수립 기준, 품질 확인 근거

II 테스트 오라클의 유형 및 예시

구분	설명	예시
True Oracle (참 오라클)	- 모든 테스트 결과값 제공 - 정확도는 높으나 개발비용이 높은 단점이 존재	
Sampling Oracle (샘플링 오라클)	- 일정 부분에 대해서 결과 값을 제공하여 검사하는 방법.	Test
Heuristic Oracle (휴리스틱 오라클)	- Sampling Oracle 단점 개선 - 일부 특정값에 대해 Sampling Oracle, 그 이외는 휴리스틱 기법	Test
Consistent Oracle (일관성 검사)	- 변경이 있는 전후의 값을 비교하는 기법	모든 Oracle 방법 사용가능

III. 테스트 오라클 적용방안

- 기간계 시스템. (ERP · CRM) 등의 시스템은 Sampling Oracle 이나 Heuristic Oracle을 이용하여 테스트 진행
- 항공, 우주, 군수 등 중요 시스템(critical한 system)의 경우는 True Oracle을 통해 테스트 진행함

〈그림 12〉 답안 실제 사례 1

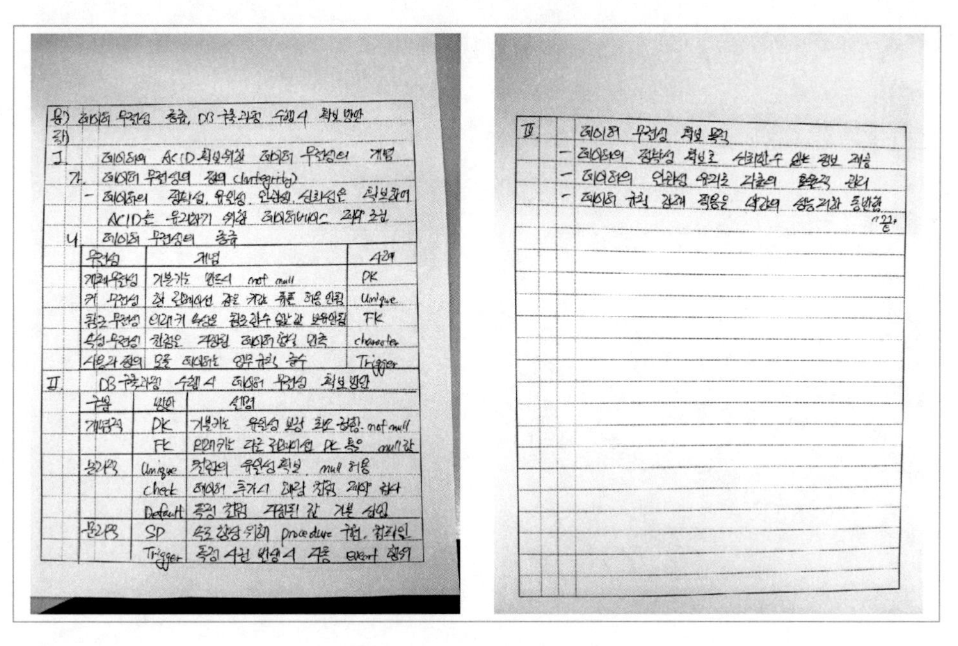

문) 데이터 무결성 종류, DB 구축과정 수행시 확보 방안

답)

I. 데이터의 ACID 확보위한 데이터 무결성의 개념

가. 데이터 무결성의 정의 (Integrity)

- 데이터의 정확성, 유일성, 일관성, 신뢰성을 확보하여 ACID를 유지하기 위한 데이터베이스 제약 조건

나. 데이터 무결성의 종류

무결성	개념	사례
개체 무결성	기본키는 반드시 not null	PK
키 무결성	한 릴레이션 같은 키값 튜플 허용 안됨	Unique
참조 무결성	외래키 속성은 참조할수 없는 값 보유안됨	FK
속성 무결성	컬럼은 지정된 데이터 형식 만족	character
사용자 정의	모든 데이터는 업무 규칙 준수	Trigger

II. DB 구축과정 수행시 데이터 무결성 확보 방안

구분	방안	설명
개념적	PK	기본키로 유일성 보장 최소 집합. not null
	FK	외래키는 다른 릴레이션 PK 혹은 null값
논리적	Unique	컬럼의 유일성 확보. null 허용
	check	데이터 추가시 해당 컬럼 제약 검사
	Default	특정 컬럼 지정된 값 기본 설정
물리적	SP	속도 향상 위해 procedure 구현, 컴파일
	Trigger	특정 사건 발생시 자동 Event 형식

IV. 데이터 무결성 확보 목적

- 데이터의 정확성 확보로 신뢰할수 있는 정보 제공
- 데이터의 일관성 유지로 자료의 효율적 관리
- 데이터 규칙 과다 적용은 시스템의 성능저하 동반함

"끝"

〈그림 13〉 답안 실제 사례 2

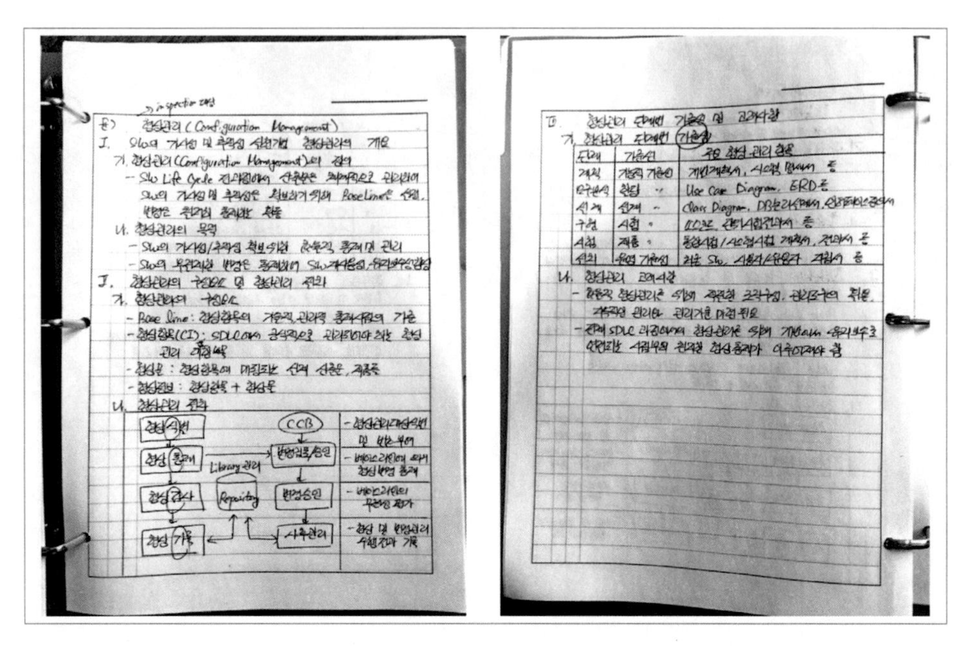

〈그림 14〉 답안 실제 사례 3

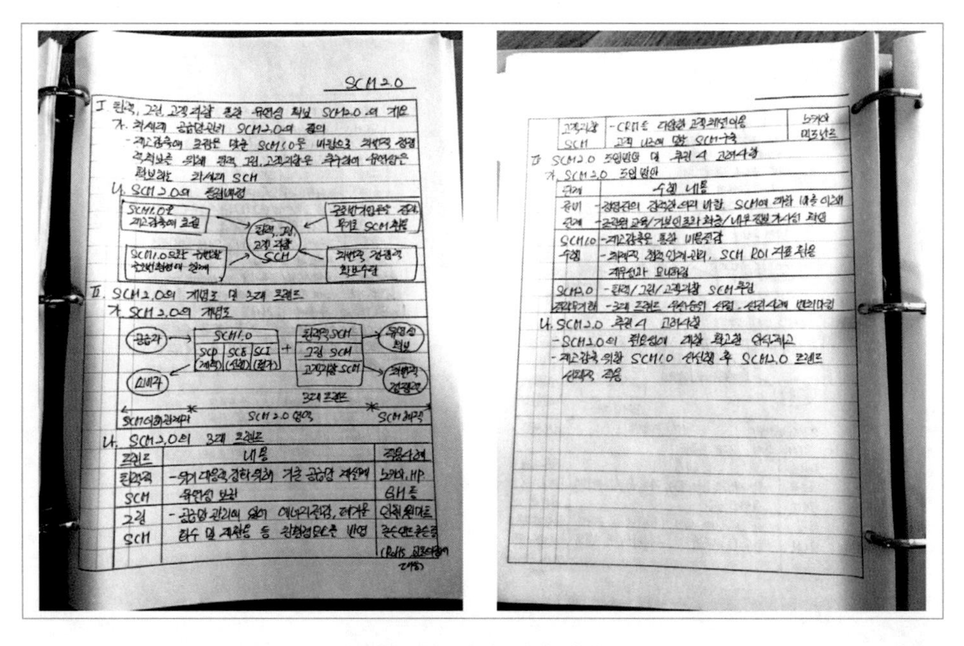

〈그림 15〉 답안 실제 사례 4

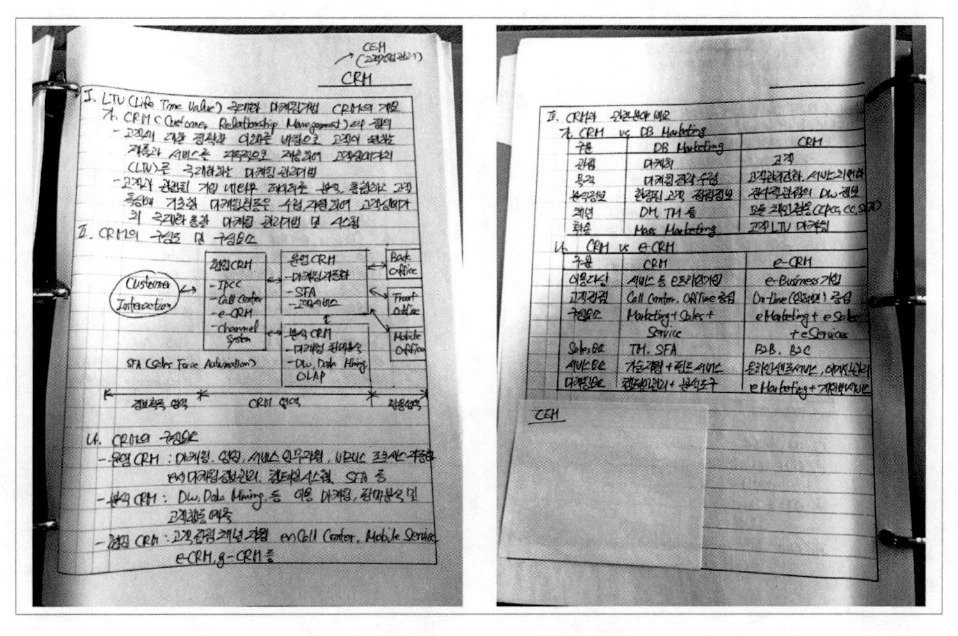

〈그림 16〉 답안 실제 사례 5

2.8 과목별 학습전략

먼저 전체적인 학습전략은 다음과 같다.

지식습득은 다시 전공서적들을 통독하기 시작한다. 정보통신개론, 시스템응용 및 보안, 소프트웨어공학 등 거의 IT 전반적인 부분을 다 이해해야 하는 그런 고난이도의 시험이다 보니 알아야 할 지식이 너무 방대하다. 처음에는 통독을 하고 이해가 되지 않는 부분들도 넘어가면서 전체 맥락을 이해하려고 노력하고, 2회 독부터는 한 챕터씩 다시 공부를 하면서 이해하려고 하고, 모르는 것은 인터넷으로 찾고 주변의 전문가 혹은 인터넷에 물어가면서 이해하기 바란다.

1) 정보통신개론

정보통신개론의 경우는 시중에 나온 관련 서적을 먼저 읽어보기를 권한다. 전체적으로 정보통신에 대한 이해가 필요하고, 주요 토픽별로 자세한 이해가 되어야 한다.

요약본을 보고 공부를 하게 되면 주요 토픽별로 이해하는 데에는 도움이 되지만 전체를 이해하는 데에는 다소 거리가 있다.

다음과 같은 토픽은 필수적으로 이해하도록 하자.

- HDLC
- OSI 7 Layer
- TCP/IP
- 서브네팅
- 웹 서비스(TCP, UDP, FTP 등 포트와 동작방식 등)

2) 시스템 응용

워낙 넓고 방대한 분야여서 시중에 나온 관련 분야의 책을 읽으면서 준비하기에는 다소 무리가 있다. 주요 토픽별로 정리된 요약서를 보면서 이해를 하고, 이해가 잘 되지 않거나 모르는 분야는 인터넷을 활용하거나, 전문가 질의 등을 통해서 해결한다. 요즘은 보안분야도 문제가 많이 출제되고 있으므로, 보안에 대한 이해를 중점적으로 할 필요가 있다.

다음과 같은 토픽(topic)은 필수적으로 이해하도록 하자.

- 신기술
- 웹 기술
- 모바일 기술
- 데이터베이스 설계
- 빅데이터
- IoT
- 보안

3) 소프트웨어공학

소프트웨어공학은 방대하고 지식 간에 서로 연계가 되는 분야이므로, 관련 서적을 통독하고 주요 토픽별로 공부하는 방법을 추천한다.

먼저 시중에 나온 소프트웨어 공학 서적 중 본인이 이해하기 쉬운 책을 골라 통독한다. 가장 많이 사람들이 선택하고 읽는 책은 최은만 교수님의 『소프트웨어 공학』 도서다.

다음과 같은 토픽은 필수적으로 이해하도록 하자.

- CMMi
- UML
- 디자인패턴
- CPM
- 응집도와 결합도
- SW품질
- 프로젝트 관리

CHAPTER 03

시험에 나오는 핵심지식

CHAPTER
03

시험에 나오는 핵심지식

3.1 핵심지식 안내

핵심지식은 토픽(Topic), 오브젝트(Object)라고도 불리는데, 시험에 자주 출제되는 주요 주제라고 할 수 있다.

핵심지식은 정보처리기술사와 정보시스템감리사와 매우 유사하다.

다음은 정보시스템감리사 자격검정 시행공고(https://auditor.nia.or.kr)에 게시된 세부출제내용을 발췌하여 수정한 내용이다.

1. 정보통신개론

구분	핵심지식
데이터 통신	• 데이터 통신이론: 데이터 전송 방식 및 기술, OSI 참조 모델, 네트워크 프로토콜, IPv4/IPv6, LAN, WAN, 무선LAN, 인터네트워킹, 스토리지 전송 프로토콜, 네트워크관리 등
네트워크 설계	• 네트워크 장비: 라우터, 스위치, 허브, 브리지, 백본 등 • 네트워크 설계: 주소, 네트워크 분할, 가상화, 이중화, 스위칭, 라우팅 프로토콜 등
통신 기술	• 근거리 통신 기술: NFC, Zigbee, Beacon, Bluetooth 등 • 저전력 장거리 통신 기술: Sigfox, LoRa, NB-IoT 등 • 기타 데이터통신 기술: Wi-Fi, HSDPA, WPAN, BcN, ADN, CDN, NFV, SDN 등

2. 시스템응용

구분	핵심지식
아키텍처 설계 및 구축	• 컴퓨터 구조론: 디지털논리회로, 명령어, 주소, CPU/GPU, 파이프라이닝, 기억장치, 입출력장치, 병렬처리 등 • 하드웨어: 서버, 스토리지, NAS, 백업장치, UPS, 항온항습기 등 • 아키텍처 설계: n-tier, RAID, 이중화, 부하분산, 가상화, 최적화, 고가용성, 용량산정, 백업/복구 등 • 클라우드 기반 아키텍처, 전자정부공통기반, 서버리스 등 • 공개SW(Open Source Software): 솔루션, 라이선스정책 등 • 성능시험, 이중화시험
데이터 베이스	• 데이터베이스시스템 개념 및 이론 • 데이터 모델의 개념, 관계형/객체지향 DB • 데이터베이스 설계, 정규화 • 데이터 아키텍처, 데이터베이스 구축 방법론v.4.0(NIA, 2014) • 데이터베이스 품질관리, 공공기관의 데이터베이스 표준화 지침 • 관계대수 • SQL, 내장 SQL, 절차형 SQL, ODBC/JDBC 등 • DB 성능(인덱스, 튜닝), 트랜잭션, 동시성 제어 • 데이터 백업 및 복구, 데이터 마이그레이션 • 저장장치, 메모리 DB • 데이터베이스 보안 • 웹기반 정보시스템 • 정보검색, 검색엔진 • 멀티미디어, GIS 등 • 분산 DBMS, 모바일 DBMS • Open API, 공공데이터 • 빅데이터 관련 기술(저장, 처리, 분석, 시각화) • NoSQL • 데이터마이닝, DW • AI학습데이터 구축
보안	• 암호 알고리즘, 해쉬함수, 키 관리, 암호 프로토콜 등 암호시스템 • 전자서명, PKI, 생체인식 등 인증기술 • 접근권한, SSO, OTP 등 접근제어 기술 • Firewall, IPS, VPN, ESM, NAC, 망분리, 무선보안 등 유무선 네트워크 보안 기술 • OS 보안, DB 보안, 서버 보안, 클라이언트 보안, PC 보안, 휴대용 단말 보안 등 시스템 보안 기술 • 네트워크/시스템 보안 공격, 해킹 및 침해사고 대응 기술 • 웹 보안, 모바일 앱 보안, DRM, DLP, 전자거래 보안 등 응용 보안 기술 • 클라우드 보안, 빅데이터 보안, IoT 보안, 스마트워크 보안 등 최신 응용 보안 • 디지털 포렌식, 블록체인, AI 연계 등 보안 신기술 • 시큐어 코딩, SW 형상관리, 개발 환경 보안 등 개발 보안 기술 • SW 취약점 진단, 도구, 최신 공격 및 대응 기술 • 운영 통제, 외주 용역 등 운영 보안 기술 • 정보보호 및 개인정보보호 관련 법규, 표준, 지침, 평가/인증제도 • 거버넌스, 위험관리, 업무연속성 관리, 보안감사 등 보안관리 기술 • 암호화, 개인정보 비식별화 조치 등 기술적, 관리적 보호조치
신기술	• 클라우드컴퓨팅, 빅데이터플랫폼, 사물인터넷(IoT), AI, VR/AR, 3D Printing, 드론, 스마트시티 등

3. 소프트웨어공학

구분	핵심지식
소프트웨어 설계	• 요구사항도출, 요구사항분석, 요구사항명세, 요구사항추적 • 객체지향 개념 • 설계원리 • UML모델링 • 아키텍처 스타일(계층구조, 클라이언트서버, 트랜잭션처리, MVC, 이벤트중심 등) • 설계패턴 • 사용자 인터페이스 설계
소프트웨어 구현 및 테스트	• 프로그래밍언어 및 환경(코딩원리, 코딩오류, 코딩스타일, UML과 코딩 등) • 웹 접근성, 웹 호환성 점검 • 단위, 모듈, 연계, 통합, 시스템, 인수 등 • 테스팅 방법 및 도구 • KS X ISO/IEC/IEEE 29119, KS X ISO/IEC 33063 SW테스트 관련 표준
소프트웨어 운영	• 유지관리 개념 및 방법 • 형상관리 • ITSM, ITIL(SLA, SLM 등) • 재사용, 재공학, 역공학, Refactoring • 아웃소싱
개발방법론, SW 구조 등	• 구조적, 정보공학, 객체지향 • CBD, Agile, 데브 옵스(DevOps), AOP 등 • 프로세스 모델: 폭포수, 프로타이핑, 점진적, 진화적, 나선형, V 모델 등 • 클린 아키텍처 • 웹기반기술구조, J2EE, 닷넷 등 개발 플랫폼 • 분산컴포넌트 기술, XML 등 • 전자정부표준프레임워크, 스프링프레임워크 • SOA, MSA • 웹서비스(SOAP, REST) • 오픈소스 개념 및 활용방법
SW 품질 및 비용 산정	• SW 제품 품질(ISO 9001) • SW 프로세스 품질(CMMi, SPICE, SP인증 등) • ISO 12207, ISO 9126, ISO 25000 등 SW 품질 관련 표준 • 품질보증 • 기능점수산정 • 비용 산정 모델
프로젝트 관리	• 프로젝트 관리 관련 표준 및 가이드 - KS A ISO 21500 등 프로젝트 관리 관련 표준 등 - PMBOK® Guide-6th Edition(2017) 등 • 통합/범위/자원/일정/위험/품질/성과/조달/변화 관리 등

각 과목별 핵심지식은 최근 5년간 출제된 문제를 분석하였고, 가장 중요하고 빈번하게 시험에 출제되는 문제를 엄선하였다. 이 책에서 모든 지식을 얻을 수는 없으니 이해가 되지 않는 부분과 다른 지식은 전문서적이나 인터넷을 활용하고, 추후에 발

간 예정인 『기술지도사(핵심지식) 통독하기』라는 책을 참고하기 바란다.

핵심지식 영역은 나중에 논술형 답안지에 답안을 서술할 때 조금이라도 기억력을 높이고 답안 작성에 도움을 주기 위하여, 답안지에 답안을 서술하기 용이하도록 다음과 같이 번호체계를 사용하였다.

1.

1)

(1)

①

3.2 정보통신개론 핵심지식

1. OSI 7계층 모델

1) OSI 7계층 모델(7 Layer-model for OSI)의 개요

(1) OSI 7 Layer의 정의

- 모든 네트워크 통신에서 생기는 여러 가지 충돌 문제를 완화하기 위하여, 국제표준기구(ISO)에서 표준화된 네트워크 구조를 제시한 기본 모델

(2) OSI 7 Layer의 특징

- 네트워크 통신기능을 Layer로 나눔으로써 각 Layer의 변경에 있어 다른 Layer에 영향을 주지 않음(각 Layer는 네트워크 통신 기능의 Layer별 집합)
- 실제 구현에 대한 언급이 없음.
- 개념 정의 및 설명, 네트워크 관련 토의 등의 도구로 많이 쓰임.
- 상위계층에서 하위계층으로 내려올 때, Header, Trailer 등을 첨부(encapsulation)
- 하위계층에서 상위계층으로 올라갈 때 해당 Header를 분석하고 분리

2) OSI 7 Layer 구조 및 기능

(1) OSI 7 Layer 구조

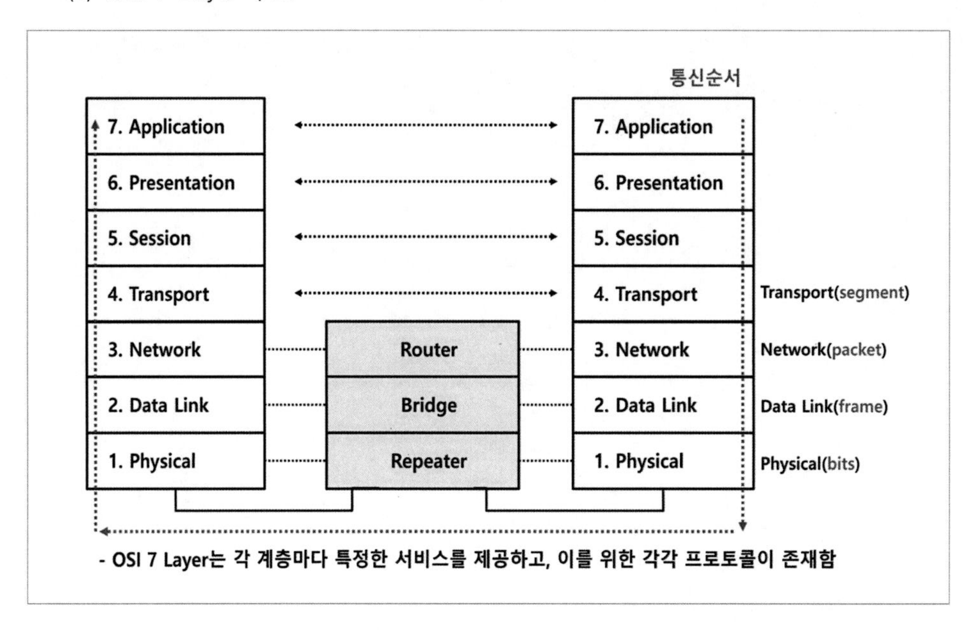

(2) OSI 7 Layer의 계층별 기능

계층	내용
Application	• 사용자, 즉 단말기를 조작하는 사람이나 데이터 통신 서비스를 수행하는 프로그램 등에 여러 서비스를 제공하는 역할 여러 가지 application업무에서 필요로 하는 통신 서비스를 제공 예: Word processor, File Transfer, Electronic Mail 등
Presentation	• 전송형식에 관한 책임(Application)이 다루는 정보를 통신에 알맞은 형태로 만들거나, 하위 계층(Session Layer)에서 온 데이터를 사용자가 이해할 수 있는 형태로 만드는 일 • Data encryption(암호화) • Compressing(압축): MPEG, MIDI, ASCII, EBCDIC, JPEG, GIF, TIFF 등 • Code formatting과 application conversion을 제공
Session	• 두 process 사이에 데이터가 흐를 수 있는 가상 경로의 확립이나, 해제를 수행 • Session을 설립하기 위한 dialogue 관리
Transport	• Data를 확실히 상대방에게 도착시키는 역할 및 Data 전송의 신뢰성을 높임. • Establish connections: Synchronize - Negotiate Connection - Synchronize - Acknowledge • Flow control • Packet의 처리를 그 장치의 어느 사용자 또는 어느 프로그램에 맡겨야 하는지를 식별하는 Port 번호를 사용 • 전송단위: Message 예: TP Class 0 -4, TCP, SPX

계층	내용
Network	• 단말 간의 시스템끼리 data를 전송하기 위한 최선의 통신경로 선택을 제공 • Hierarchical and logical address • Routers 네트워크 장비가 작동하는 계층 • 전송단위: Packet 예: IP, IPX, X.25
Data Link	• 상대방과 물리적인 통신을 위한 통신로를 확립 • Data가 통신로를 통과하는 동안에 오류를 검사 • 전송단위: Frame • Protocol 예: HDLC, LAP-B, LLC, PPP
Physical	• 통신회선으로 Data를 나타내는 '0'과 '1'비트의 정보를 회선에 내보내기 위한 전기적 변환이나 기계적 작업을 담당 • 전송단위: 비트 • Protocol 예: RS-232C, RS449/422/423, V.24, X.21

2. TCP/IP

1) TCP/IP의 개요

(1) TCP/IP의 정의

- TCP/IP는 네트워크를 상호 연결시켜 정보를 전송할 수 있도록 하는 기능을 가진 다수의 프로토콜이 모여 있는 프로토콜 집합임.
- Internet은 데이터 링크 계층을 지원하는 네트워크를 TCP/IP 프로토콜을 이용하여 상호 연결하는 네트워크이므로, TCP/IP는 OSI 7계층의 3계층부터 존재함
- TCP/IP의 가장 대표적인 프로토콜은 3계층의 IP와 4계층의 TCP로 대부분의 응용 서비스가 TCP상에서 이루어지나, 최근 인터넷의 단점을 보완하기 위해 UDP를 적극적으로 이용하는 추세임.

(2) TCP/IP의 특징

- 독립성: Hardware, Operating System, 물리적Network에 무관한 전송규약
- 전세계의 유일한 주소 체계 수립

2) TCP/IP Protocol Stack

(1) OSI 7 Layer와 TCP/IP의 구조 비교

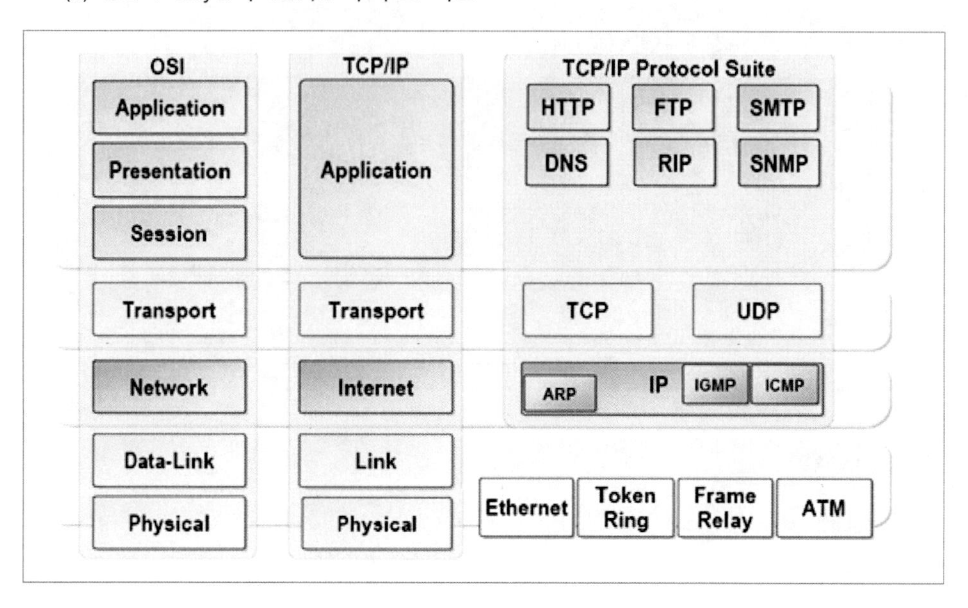

- OSI 7 Layer를 4개로 단순화하여 구현
- TCP/IP는 3, 4계층을 중심으로 한 통신 프로토콜의 계층 집합

(2) TCP/IP의 계층별 기능

계층	내용
Network Access Layer	• OSI 7 Layer의 Physical과 Data Link계층 구현/역할 동일 • 하드웨어 제작사가 배포하는 네트워크 드라이버에 구현 • 물리적 통신장비를 식별하기 위해 MAC Address 사용, 전 세계적으로 유일한 장치 번호
Internet Layer	• 상위 계층에서 보낸 데이터를 논리적인 통신 장치까지 전송하는 역할 • 데이터 전송 경로 설정, 라우팅 작업 수행 • 여기서 사용하는 논리적 주소를 IP주소라고 함.
Transport Layer	• 하위계층을 이용해 데이터 송신할 데이터 패킷 분할, 수신 시 조합 수행, 데이터 재전송 요청 및 흐름 제어
Application Layer	• 개발자 구현 계층. 사용자에게 서비스되는 다양한 네트워크 서비스와 애플리케이션

(3) TCP/IP의 주요 프로토콜

프로토콜	내용
IP (Internet Protocol)	• IPv4의 경우, 32비트의 IP주소를 포함하는 20Byte의 헤더와 함께 최대 64Kbyte의 페이로드를 가짐. • 패킷 단위로 라우터에 의해 교환이 이루어지는 비연결형 경로설정방식임. • IP패킷은 16개의 라우터를 거쳐 목적지를 찾지 못 할 경우 자동적으로 폐기됨. • IPv4의 경우, 32비트의 IP주소를 포함하는 20Byte의 헤더와 함께 최대 64Kbyte의 페이로드를 가짐. • IP주소의 부족문제로 128비트의 주소 체계를 가지는IPv6가 대두됨.
ICMP (Internet Control Message Protocol)	• 네트워크의 문제발생 상황을 통보하기 위하여 만들어진 프로토콜임. • ICMP상에서 동작하는 응용프로토콜은 PING으로 특정단말기에 도달가능여부를 확인하는 기능을 수행함.
ARP (Address Resolution Protocol)	• 3계층의 패킷을 2계층의 프레임으로 캡슐화하기 위해 Ethernet의 헤더 부분에 들어갈 MAC(Media Access Contro) 주소를 IP주소에서 찾아주는 프로토콜임. • MAC주소의 요구는 네트워크의 모든 단말기에 브로드캐스트하고, MAC응답은 해당 단말기로 유니캐스트하며 로컬네트워크에 목적단말기가 존재하지 않는 경우 디폴트라우터의 MAC주소를 응답함. • MAC주소에서 IP주소를 찾아주는 것은 RARP임.
RARP (Reverse Address Resolution Protocol)	• 개발자 구현 계층. 사용자에게 서비스되는 다양한 네트워크 서비스와 애플리케이션
TCP (Transmission Control Protocol)	• 트랜스포트 계층에 존재하며 단말기와 단말기 간의 3방향 연결 설정을 통하여 신뢰성 있는 정보전송을 제공하는 프로토콜임. • Port를 통하여 응용프로토콜을 구분하며 20, 21(FTP), 23(TELNET), 80(HTTP)처럼 서버에 해당되는 Wel-Known 포트와 클라이언트에 해당되는 Ephemeral포트가 있음. • 흐름제어와 순서제어를 위하여 윈도우방식을 사용함. • 대부분의 인터넷 응용 서비스를 수용함.
UDP (User Datagram Protocol)	• 제어용 메시지 처리나 빠른 응답을 요구하는 응용서비스를 위하여 비연결형 설정을 제공하는 프로토콜임. • 전송확인 기능과 흐름제어 기능을 제공하지 않고, 헤더의 에러를 검사하는 기능만을 가지고 있음. • 최근 인터넷의 단점을 보완하기 위하여 UDP를 적극 활용하는 추세임.

(4) TCP/IP의 3Way Handshaking

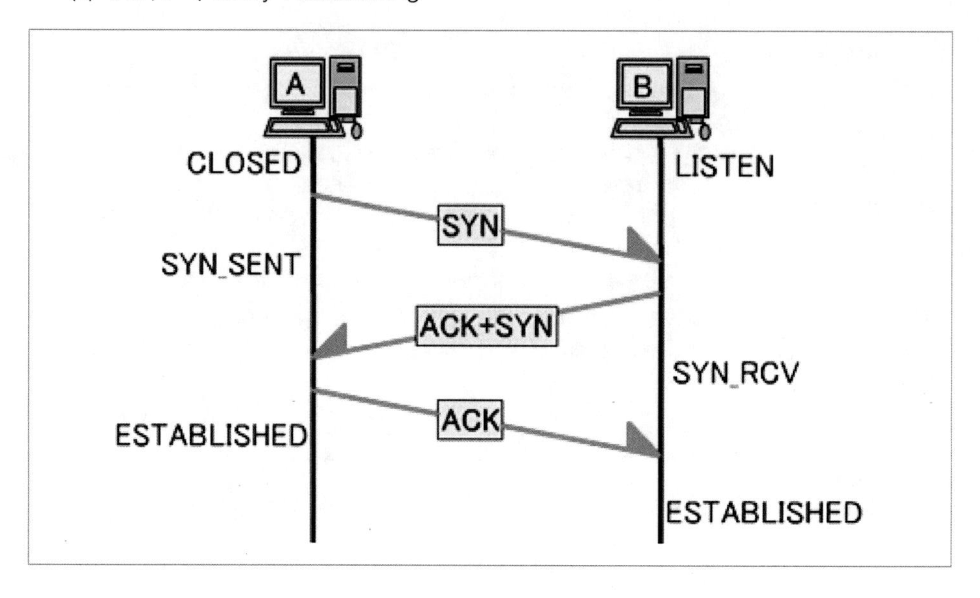

상태	설명
SYN_SENT	• A클라이언트는 B서버에 접속을 요청하는 SYN 패킷을 송신
SYN_RECEIVED	• B서버는 SYN요청을 받고 A클라이언트에게 요청을 수락한다는 ACK 와 SYN flag가 설정된 패킷을 발송하고 A가 다시 ACK으로 응답대기
ESTABLISHED	• A클라이언트는 B 서버에게 ACK을 보내고 이후로부터는 연결이 이루어지고 데이터 교환

- 신뢰성 있는 연결의 TCP의 3Way handshake 방식

3. IPv6

1) IPv6의 개요

(1) IPv6(Internet Protocol Version 6)의 정의

- 현재 상용되고 있는 IP 주소 체계인 IPv4의 단점을 개선하기 위해 개발된 새로운 IP 주소 체계이며, 인터넷 엔지니어링 태스크 포스(IETF)의 공식 규격으로, 차세대 인터넷통신 규약이라는 뜻에서 IPng(IP Next Generation)이라고도 함.
- 32Bit의 주소 체계로 A·B·C·D 클래스 CIDR(Classless Inter-Domain Routing, 등급 없는 도메인 간 라우팅)로 주소를 할당하는 IPv4와 달리, 128Bit의 주소 체계로, CIDR을 기반으로 계층적으로 주소를 할당한다는 점이 가장 큰 차이점임.

- 인터넷 창시자 빈트 세프는 2010년 11월 "IPv4 주소는 2년 내 소진된다"며 "이는 어떤 새로운 기기도 사용할 수 없게 된다는 것을 의미한다"라고 말한 바 있음.

(2) IPv4의 문제점 관점에서 본 IPv6의 필요성

구분	IPv4의 문제점	IPv6에서의 대응 방안
비즈니스적 측면	IP주소의 부족 해결 필요	128bit 주소 체계
	이동형 컴퓨팅 환경 요구 증가	Mobile IP기능 개선
기술적 측면	인터넷에서 멀티미디어 수용 요구 (QoS증가)	Traffic Class/Flow Label 이용
	보안 및 인증 서비스 중요성 증대	IPSec 기본탑재
	주소할당 및 관리 난이함	주소자동할당 기능 추가

(3) IPv6의 특징

특징	설명
주소 공간 확장	• 128bit의 주소 체계로 무한대의 주소 공간 제공 가능
효율적인 LAN 활용	• ARP보다 효율적인 인접 탐색 프로토콜을 이용하여, Broadcast가 아닌 수신자 범위를 선정할 수 있는 Multicast 전송 제공 • 64KB로 패킷 크기가 제한된 IPv4에 비하여 IPv6는 특정 호스트 사이에서 큰 크기의 패킷을 주고받을 수 있기 때문에 대역폭이 넓은 네트워크를 효율적으로 사용
보안성	• 기본적으로 IPSec을 지원하여 AH, ESP의 2가지 프로토콜로 구성 • 무결성, 인증, 기밀성, 재연공격 방지 기능 제공
QoS	• 플로우 레이블은 IPv6헤더 내의 특정 필드를 예약하여 패킷이 어떤 흐름에 속하는지 파악하고, 서비스 품질과 관련된 요구 분석 가능
Plug&Play	• Stateless auto-configuration: IPv4와 같이 DHCP 서버로부터 분배 받을 필요 없이 네트워크에 연결되면 자동으로 IP 할당 가능
Ad-hoc N/W 지원	• Ad-hoc Network를 위한 자동 네트워킹 및 인터넷 연결 지원
Mobile 지원	• 확장헤더인 Routing Header와 바인딩 업데이트 기능을 이용 • 라우팅 최적화를 통해 IPv4의 삼각 라우팅 문제를 제거
헤더 포맷의 단순화	• IPv4에서 자주 사용하지 않는 헤더 필드를 제거하여 IP 패킷을 신속히 처리
확장 헤더 지원	• 네트워크 기능이나 옵션 기능을 쉽게 확장

2) IPv6의 기술적 구조 및 주소 체계

(1) IPv6 헤더의 구성

<table>
<tr><td>Version(4)</td><td>Traffic class(8)</td><td colspan="3">Flow label(20)</td></tr>
<tr><td colspan="3">Payload length(16)</td><td>Next header(8)</td><td>Hop limit(8)</td></tr>
<tr><td colspan="5">Source address(128 bits)</td></tr>
<tr><td colspan="5">Destination address(128 bits)</td></tr>
<tr><td colspan="5">Extension Header(Optional)</td></tr>
<tr><td colspan="5">Data</td></tr>
</table>

<table>
<tr><th>구분</th><th>필드</th><th>크기</th><th>설명</th></tr>
<tr><td rowspan="8">기본 헤더</td><td>버전(Version)</td><td>4bit</td><td>IP Version 표시 (Version 4 또는 6)</td></tr>
<tr><td>트래픽 클래스
(Traffic Class)</td><td>8bit</td><td>송신 장치에 송신 우선순위를 요청하는 기능</td></tr>
<tr><td>플로우 레이블
(Flow Label)</td><td>20bit</td><td>QoS를 위한 서비스 별 구분 표시</td></tr>
<tr><td>페이로드 길이
(Payload Length)</td><td>16bit</td><td>데이터의 길이 표시</td></tr>
<tr><td>다음 헤더
(Next header)</td><td>8bit</td><td>IP헤더 다음에 나타나는 헤더의 유형 정의</td></tr>
<tr><td>홉 제한
(Hop Limit)</td><td>8bit</td><td>패킷 전송 시 포워딩 제한 표시</td></tr>
<tr><td>송신지 주소
(Source Address)</td><td>128bit</td><td>송신지 주소를 표시</td></tr>
<tr><td>수신지 주소
(Destination Address)</td><td>128bit</td><td>수신지 주소를 표시</td></tr>
<tr><td>확장 헤더</td><td colspan="3">추가적인 전송 기능이 필요할 때 사용되며 기본 헤더 뒤에 선택적으로 추가</td></tr>
<tr><td>데이터</td><td colspan="3">IP 상위 프로토콜에서 사용하는 부분으로 TCP 세그먼트나 UDP 데이터그램 등이 될 수 있음</td></tr>
</table>

(2) 확장 헤더

헤더 종류	설명
Routing	송신자에 의한 라우팅 경로 목록 정보
Fragmentation	전송 길이 확대에 따른 패킷 분할 및 재조합 정보
Authentication	데이터 무결성 및 송신자 인증 정보
Security Encapsulation	패킷의 payload 영역의 암호화
Hob-by-Hop	경로상의 모든 통신장비에서 패킷 처리 시 필요한 정보
Destination	최종 목적지의 통신장비에서 패킷 처리 시 필요한 정보

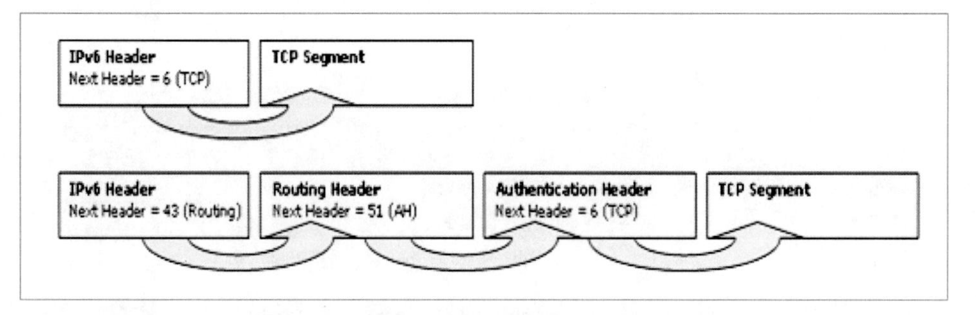

- 확장 헤더가 없는 경우, 바로 TCP, UDP의 데이터가 연결됨.
- 확장 헤더가 있는 경우, 다음이 어떤 확장 헤더인지 값을 표시함.

(3) IPv6의 구조

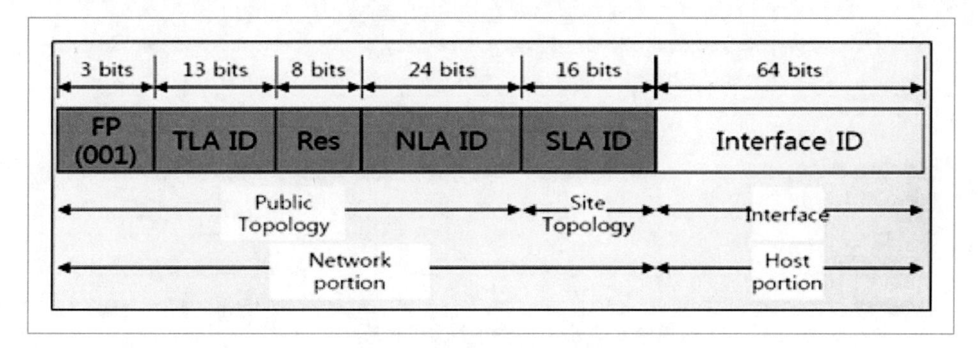

필드	사이즈	설명
FP(Format Prefix)	3bit	• 주소의 유형을 결정하는 접두부 • 글로벌 Unicast 주소는 001
TLA(Top-Level Aggregation)	13bit	• IANA가 관리하며 대규모의 글로벌 ISP에게 할당
RES(REServed for future use)	8bit	• 향후 TLA ID나 NLA ID의 크기 확장 시 사용하도록 예약
NLA(Next Level Aggregation)	24bit	• 특정 고객 사이트를 식별하는 용도 • ISP는 다양한 주소 지정 계층 구조를 만들어 주소 지정 및 라우팅을 구성
SLA(Site Level Aggregation)	16bit	• 개별 조직에서 사용하며, 사이트 내 서브넷을 식별 • 65536개의 서브넷 또는 여러 수준의 주소 지정 계층 구조 생성
Interface ID	64bit	• 특정 서브넷에 있는 노드의 인터페이스를 나타냄.

3) IPv6의 전송 방식과 주소 유형

(1) IPv6의 전송 방식

구분	설명	개념도
유니캐스트 (Unicast)	• 단일 송신자와 수신자 간 데이터 전송(1:1) • 기존의 IPv4에서의 Unicast와 동일함.	
멀티캐스트 (Multicast)	• 특정 송신자가 하나의 데이터 패킷을 여러 수신자에게 전송(1:N) • 동일한 데이터에 대한 네트워크상에서의 중복 트래픽을 최소화하기 위한 방법으로 기존 IPv4에서는 개념만 존재하고 실제 구현이 많지 않았음. • IPv6에서는 기존 IGMP 기반의 Multicast를 MLD(Multicast Listener Directory)란 이름으로 정의하고 표준화함.	
애니캐스트 (AnyCast)	• 단일 송신자와 그룹 내에서 가장 가까운 곳에 있는 일부 수신자들 사이의 통신 • 그룹 내의 가장 가까운 인터페이스로 전달. 즉 Multicast로 전송된 후 하나의 인터페이스와 통신 • 기존 Broadcast의 트래픽 과다 생성 문제점을 제거	

(2) IPv6의 주소 유형

주소유형		설명
Unicast	Global Unicast	Public주소로써 Global로 연결하는 라우팅 기능
	Local Link 주소	같은 Link에서 인접한 Node와 통신할 때 사용
	Local Site 주소	IPv4에서의 사설 IP주소와 같은 역할 수행
	특수 주소	지정되지 않은 주소, 루프백 주소의 특수한 주소
	호환 가능 주소	IPv4에서 IPv6로 마이그레이션하는 데 사용
	NSAP 주소	Network Service Access Point 주소를 IPv6로 매핑하는 방법 제공
Multicast		Multicast로 전송된 패킷은 주소로 식별되는 여러 인터페이스로 전달
Anycast		주소로 식별되는 가장 가까운 인터페이스인 단말 인터페이스로 전달

4) IPv4와의 비교 및 전환 방법

(1) IPv4 Header와 IPv6 Header 비교

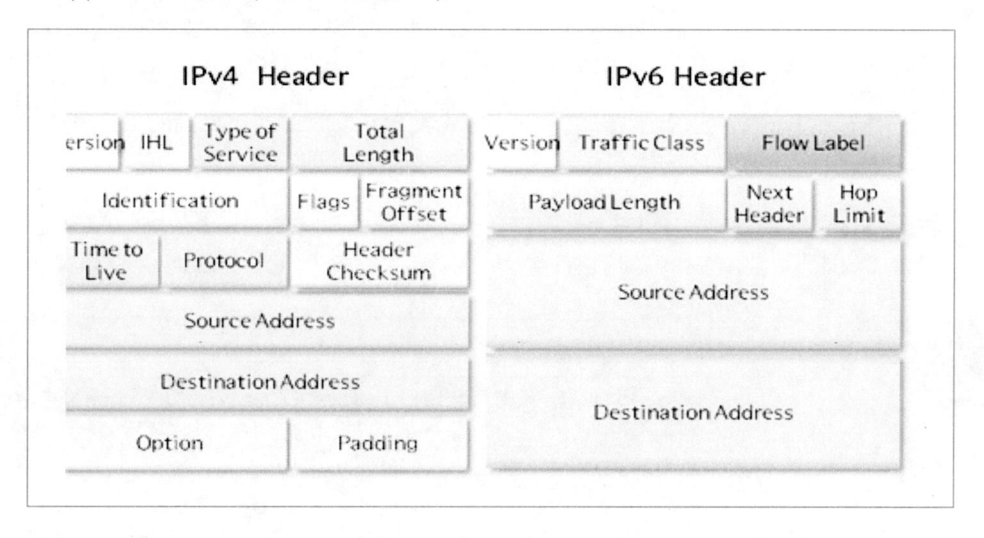

구분	IPv4	IPv6
주소 체계	32bit	128bit
표시 방법	8비트씩 4부분으로 나눠 10진수로 표시 예) 192.168.10.120	16비트씩 8부분으로 나눠 16진수로 표시 예) 2001:0:4137:9e76:1086:3ee3:2274:e11c
주소 개수	약 42억 개	약 31조 개
주소 할당	A·B·C·D 등 클래스 단위의 비순차적 할당 (비효율적)	네트워크 규모 및 단말기 수에 따른 순차적 할당(효율적)
헤더 크기	고정	가변
QoS 제공	• TOS(Type of Service)에 의한 Best Effort 방식 • 품질보장 곤란	• 등급별, 서비스별 패킷 구분이 가능해 품질 보장에 용이함. • 트래픽 클래스, 플로우 레이블을 이용한 확장된 품질 보증 가능
보안 기능	필요 시 IPSec 프로토콜 별도 설치	확장 기능에서 IPSec 기본 제공
Plug & Play	지원 안 함	지원함
Mobile IP	곤란	용이
전송방식	Unicast, Multicast, Broadcast	Unicast / Multicast / Anycast
웹 캐스팅	곤란	용이

(2) IPv6로의 전환 방법

방법	내용	설명
듀얼스택 (Dual Stack)	개념	• IPv4와 IPv6을 같은 장치와 네트워크상에서 상호 공존시키는 방법으로 하나의 장비에 주소 유형을 모두 처리 가능함. 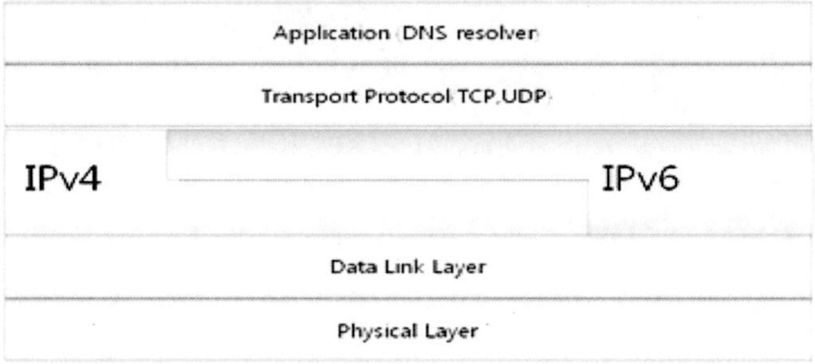
	장점	DNS 주소 해석 라이브러리(DNS Resolver Library)가 두 IP주소 유형을 모두 지원
	단점	프로토콜 스택 수정으로 인한 과다한 비용 발생
터널링 (Tunneling)	개념	• 특정 프로토콜을 사용하는 네트워크 사이에 다른 프로토콜을 사용하는 네트워크가 존재할 때, 중간 네트워크에서 사용하는 프로토콜로 캡슐화하여 전송하는 방법 • 전환기술 중에서도 터널링 기술에 대한 표준화 활동이 가장 활발히 진행됐으며, 그 결과 지금까지 다양한 터널링 기술이 표준으로 제안됨. 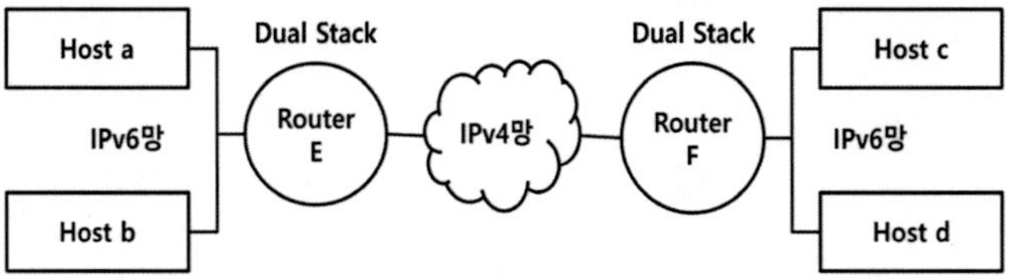
	종류	Configuration Tunnel, Auto Tunnel, Tunnel Broker, 6 over 4
	장점	전환기술 중에서도 터널링 기술에 대한 표준화 활동이 가장 활발히 진행됐으며, 그 결과 지금까지 다양한 터널링 기술이 표준으로 제안됨.
	단점	구현이 어려우며, 복잡한 동작과정
IPv4/IPv6 변환 (게이트웨이 관점)	개념	IPv4망과 IPv6망 사이에 주소 변환기를 사용하여 상호 연동시키는 기술 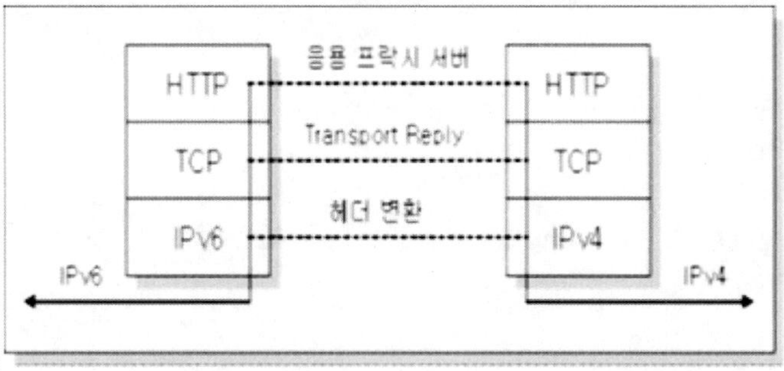
	종류	헤더 변환 방식, 전송 계층 릴레이 방식, 응용 계층 게이트웨이 방식

방법	내용	설명
	기술	NAT-PT/SIIT, TRT, SOCKS 게이트웨이, BIS, BIA
	장점	IPv4, IPv6 호스트의 프로토콜 스택에 대한 수정이 필요 없으며, 변환방식이 투명하고 구현이 용이

5) IPv6 도입의 문제점 및 해결방안

(1) IPv6의 문제점

구분	문제점	해결방안
IPv4 → IPv6 전환문제	• IPv4에서 IPv6로의 자연스러운 전환이 어려움. • IPv6로의 전환 시 선도 국가의 역할 필요 • IP의 사용증대로 예상보다 조기 고갈될 가능성이 높음.	• 전환에 대한 국가적인 지원 필요 • 공존에 대한 모델 제시와 테스트베드 구축
Mobile 보안 이슈	• HOA (Home Of Address)를 이용한 DoS 공격 가능 • 라우팅 헤더를 이용한 방화벽 통과 • All IP로 인한 지속적인 보안 취약점 노출	• IPSec을 이용한 보안 및 DoS 공격 방어 • RR을 이용한 바인딩 Update 대응 • 공개키 기반의 사용자 인증 강화
활성화 정책	• 관련 장비 및 애플리케이션의 국제 경쟁력 심화 • IPv6의 킬러 애플리케이션 필요	• 네트워크, 휴대 인터넷, IPTV 등 킬러 애플리케이션의 전략적 확보 필요 • 법적, 제도적 활성화 정책 필요

(2) IPv6의 보안 문제점 및 개선방안

구분	문제점	개선방안
All-IP	• 사용자 인증 • IP 관리의 문제	• 공개키 기반의 사용자 인증 • 자동 주소 설정 기능 사용
이동성	모바일 IP에서의 IPSec 의존 및 이동환경에서의 IPSec 적용이 어려움.	새로운 Authentication 프로토콜 대안 개발 필요
IPCMP	IKE(Internet Key Exchage)가 IPv6에서 동작 시 policy loop 현상 발생 가능	수동 IPSec SA 도입 및 수동 설정에 따른 오버헤드 감소 방법 필요
IPv4 → IPv6	IPv4에서 IPv6로 변환 시 패킷이나 헤더 변환 시 보안 문제 발생	암호화나 전환 프로토콜에 보안기능 추가 필요

4. CIDR

1) IP주소의 융통적인 할당 및 관리, CIDR(Classless Inter-Domain Routing)의 개요

(1) CIDR의 정의

- 도메인 간의 라우팅에 사용되는 인터넷 주소를, 원래의 IP주소 클래스 체계를 쓰는 것보다 더욱 융통성 있도록 할당하고, 지정하는 방식

(2) CIDR의 특징

- 활용 가능한 인터넷 주소의 숫자가 크게 증가
- 인터넷 백본 네트워크상에서 실질적으로 모든 게이트웨이 호스트에 의해 사용되는 라우팅 시스템
- IP Address/Mask의 형식 예) 192.30.250.00/18
  ("192.30.250.00"은 네트워크 주소, "18"이라는 것은 처음 18비트가 네트워크 주소 부분이고, 나머지 14비트가 특정한 호스트 주소라는 것을 의미함.)
- 원래 IPv4 주소 체계의 주소 낭비를 보강한 방법
- 라우터에서의 빠른 주소처리 가능

5. HDLC(High-Level Data Link Control)

1) HDLC의 개요

(1) HDLC의 정의

- IBM이 개발한 SDLC(Synchronous Data Link Control) 절차를 ISO에서 발전시킨 신뢰성이 높은 성능 제공, 전송효율을 증대시킨 비트지향형 전송 제어 절차

(2) HDLC의 기능

- 흐름제어(flow control)
  - 송수인 양단 간에 전송 데이터 블록을 위해 버터를 두고 흐름을 제어함.
  - 에러 체크 없이 보낼 수 있는 크리를 규정하여 버퍼 크기를 조정

- 에러제어(error control)
  - 데이터 전송 간 에러의 검출 및 수정(주로 순서제어)
  - 순환 잉여코드(CRC)방식에 의해 에러를 체크하고 에러 발생 시 재전송(ARQ)함.

2) HDLC 구조

(1) HDLC 프레임 구조

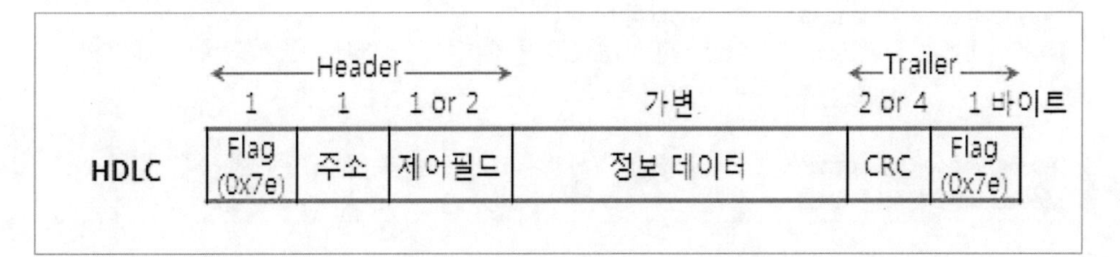

플래그, 주소영역, 제어영역, 정보영역, FCS(CRC) 영역 등으로 구분됨.

(2) HDLC 구조 설명

구분	설명	비고
Flag	• 프레임 개시 또는 종결을 나타내는 특유의 패턴(01111110: 1이 6개 연속)이며, 프레임 동기를 취하기 위해서 사용됨.	
주소영역	• 프레임 발신지나 목적지인 종국의 주소를 포함함. • 명령 프레임일 때는 수신국소(종국)의 번지를 나타냄. • 응답 프레임일 때는 송신국소(종국)의 번지를 나타냄.	
제어부	• 프레임 종류를 나타내고 흐름제어, 오류제어에 쓰임. • 제어부에 따른 프레임 포맷	
정보필드	• 정보메시지와 제어정보, 링크관리정보를 넣는 부분으로 I 프레임 및 U 프레임에만 쓰임.	
FCS 영역	• 오류 검출용으로 HDLC 프레임이 정확하게 상대국으로 전송되었는가를 확인하기 위한 에러검출용 16비트 코드 • CRC(Cyclic Redundancy Check code)	

3) HDLC 전송모드와 비교

(1) HDLC 전송모드

구분	설명	비고
NRM (Normal Response Mode, 정규 응답 모드)	• 불균형적 링크 구성 • 주국이 세션을 열고, 종국들은 단지 응답만 함.	
ABM (Asynchronous Balanced Mode, 비동기 균형 모드)	• 균형적 링크 구성 • 각국이 주국이자 종국으로 서로 대등하게 균형적으로 명령과 응답하며 동작 • 가장 널리 사용(전이중 점대점 링크에서 가장 효과적으로 사용 가능)	
ARM (Asynchronous Response Mode, 비동기 응답 모드)	• 종국도 전송 개시할 필요가 있는 특수한 경우에만 사용	

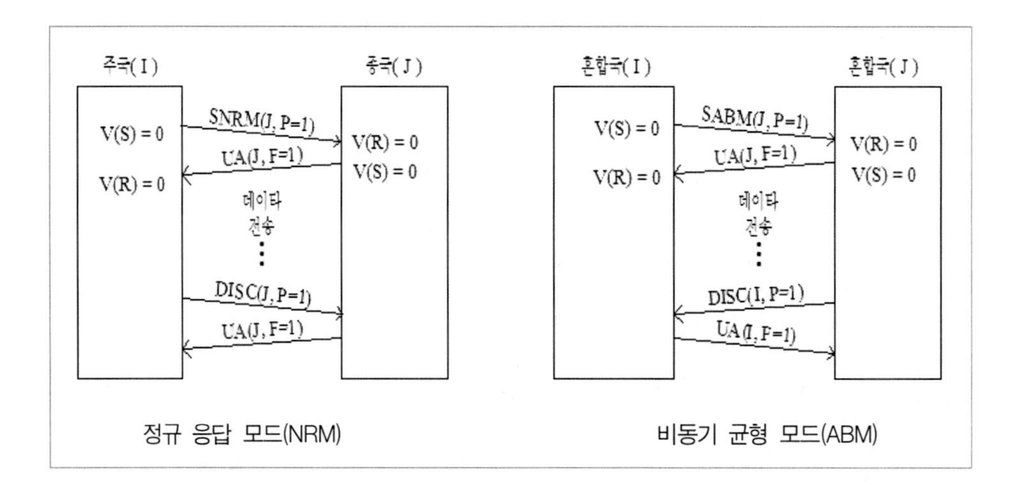

정규 응답 모드(NRM) 비동기 균형 모드(ABM)

(2) HDLC와 SDLC의 비교

구분	HDLC	SDLC
데이터	인코딩 방법 NRZ 부호	사용 NRZI 부호 사용
망형태	LOOP 형태 접속규정 없음.	LOOP 형태 규정 있음.
확장모드	제어부의 확장기능	제어부의 확장기능 없음.
데이터링크 설정	SABM, SNRM 사용설정	SNRM사용 설정

4) HDLC의 장점 v4와의 비교 및 전환 방법

(1) HDLC의 장점

- 전송효율의 향상
- 신뢰성 향상
- 비트투과성/투명성(Bit transparency)을 보장하기 위해 비트 스터핑(Bit Stuffing)을 사용하는데 '0'을 삽입하고 '0'을 제거하여 기본적인 오류를 검출하고 신뢰성 있는 송·수신이 되도록 하는 기능

* 비트 스터핑(Bit Stuffing)

프레임 구조의 앞과 뒤를 구분하는 비트 열로 01111110으로 구성됨. FLAG 비트 열의 역할은 통신 회선을 공유하는 모든 다른 프레임들과 구분하는 비트 열로 송신 측에서는 송신하기 전에 송신 메시지의 앞과 뒤에 01111110을 추가하여 전송함. FLAG 비트를 제외한 모든 비트에는 연속된 '1'의 비트가 6개 이상이 되지 않도록 '0'을 강제적으로 추가하여 송신함. 수신측은 FLAG 비트를 제외한 비트 열에 '1'의 문자가 연속적으로 5개가 입력되면 5개 다음에 입력된 '0' 비트를 제거함.

(2) HDLC의 현황

- HDLC는 LAP(Link Access Procedure)로 발전하고 이는 다시 LAPB(Link Access Procedure-Balanced)로 향상됨.

3.3 시스템응용 핵심지식

1. 접근통제, 접근제어(Access Control)

1) 접근제어의 개요

(1) 접근제어의 정의

- 정보시스템과 내부자원에 대한 비인가된 접근 감시, 사용자 식별(인증), 접근 기록, 보안정책에 근거하여 권한을 부여하는 기술 및 행정적인 관리를 총칭
- 자원에 대한 비인가된 접근을 감시하고, 접근을 요구하는 이용자를 식별하고, 사용자의 접근요구가 정당한 것인지를 확인·기록하고, 보안 정책에 근거하여 접근을 승인하거나 거부함으로써 비인가자에 의한 불법적인 자원접근 및 파괴를

예방하는 하드웨어, 소프트웨어 및 행정적인 관리

- 인가된 주체만이 객체에 접근하도록 통제하는 정책

(2) 접근제어의 유형

- 강제적 접근제어: MAC(Mandatory Access Control)
- 임의적 접근제어: DAC(Discretionary Access Control)
- 역할 기반 접근제어: RBAC(Role-Based Access Control)

(3) 접근제어의 주요 용어

구분	내용
주체(subject)	객체나 객체 내의 데이터에 대한 접근을 요청하는 능동적인 객체, 행위자
객체(object)	접근 대상이 수동적인 개체 혹은 행위가 일어날 아이템
접근(Access)	주체와 객체 사이의 정보 흐름
식별(Identification)	주체(사용자, 프로그램 또는 프로세스)가 자신임을 확인하는 방법을 설명
인증(Authenticate)	주체는 보통 인증세트의 두 번째 부분을 입력할 것을 요구받게 되는데 이것은 패스워드, 패스 구문, 암호 키 또는 토큰 등이 될 것임.
인가(Authorization)	인증된 사용자가 해당 자원에 대한 사용권한을 갖고 있는지에 대해서 확인하는 프로세스
책임 추궁성 (Accountability)	시스템 내의 각 개인은 유일하게 식별돼야 한다는 정보보호를 원칙으로 이 원칙에 의해서 정보 처리 시스템은 정보보호 규칙을 위반한 개인을 추적할 수 있고, 각 개인은 그의 행위에 대해서 책임을 짐.

2) 접근제어 정책

(1) 임의적 접근통제(DAC, Discretionary Access Control)

① 개요

- DAC은 자원에 대한 접근을 사용자 계정에 기반함.
- 사용자는 자원과 관련된 ACL이 수정됨으로써 자원에 대한 권한을 부여받음.
- DAC에서는 사용자 또는 그룹이 객체의 소유자일 때 다른 사용자나 그룹에 권한을 부여할 수 있음.
- DAC모델은 자원에 대한 소유권에 기반함.

② DAC의 기능

- 접근통제 정책의 하나로 시스템 객체에 대한 접근을 사용자 개인 또는 그룹의 식별자를 기반으로 제한하는 방법. 여기서 임의적이라는 말은 어떤 종류의 접근 권한을 갖는 사용자는 다른 사용자에게 자신의 판단에 의해서 권한을 줄 수 있다는 것임.
- 주체 및 객체의 신분 및 임의적 접근통제 규칙에 기초하여 객체에 대한 주체의 접근을 통제하는 기능

③ DAC의 사례

- Unix파일 시스템 접근 권한
  - OS계정을 가진 사용자(소유주)가 파일(객체)을 생성하면 파일은 해당 계정에 속하게 됨.
  - 파일에 대한 접근을 사용자가 설정 가능(자신/그룹/모든이에 따라 설정 가능함.)
  - 접근하려는 유저(주체)는 파일(객체)에 접근 시 통제를 받음.

④ DAC의 특징

- DAC정책은 허가된 주체에 의하여 변경 가능한 하나의 주체와 객체 간의 관계
- 한 주체가 어느 한 객체를 읽고 그 내용을 다른 어느 한 객체로 복사하는 경우 처음의 객체에 내포된 접근통제 정보가 복사된 객체로 전파(Propagate)되지 않음.
- ID 기반의 접근 통제(ID 도용으로 인한 문제 발생 우려)

⑤ DAC 방법

Capability List	• 행 중심 표현 형태 • 한 주제에 대해 접근 가능한 객체와 허가받은 접근종류의 목록 • 객체가 적은 경우 적합
ACL (Access Control List)	• 열 중심 표현 형태 • 한 객체에 대해 접근을 허가받은 주체들과 허가받은 접근 종류의 목록 • 사용자가 적은 경우 적합 • 주로 많이 사용하는 방법

(2) 강제적 접근통제(MAC, Mandatory Access Control)

① MAC의 개념

- 비밀성을 갖는 객체에 대하여 주체가 갖는 권한에 근거하여 객체에 대한 접근을 제어하는 방법
- 주체와 객체에게 부과된 보안 레이블(Security Label) 기반으로 접근 통제를 수행
- 관리자만이 정보 자원의 분류를 설정하고 변경함.
- MAC모델에서 사용자들은 자원에 대한 권한을 관리자로부터 부여받고, 오직 관리자만이 객체와 자원들에 대한 권한을 할당할 수 있음.
- 자원에 대한 접근은 사용자에게 보안등급이 주어진 동안에 대상의 보안레벨에 기반하고 관리자만이 객체의 보안레벨 또는 사용자 보안등급을 수정할 수 있음.
- 정보시스템 내에서 어떤 주체가 어떤 객체에 접근하려 할 때 양자의 보안레이블 정보에 기초하여 높은 보안을 요하는 정보가 낮은 보안수준의 주체에게 노출되지 않도록 접근을 제한하는 접근통제 방법임.

② MAC의 사례

- 군사 기밀 문서 접근 통제
  - 주체는 군인으로 비밀인가 2등급, 객체는 비밀문서로서 3등급 주체에 쓰기 권한 부여
  - 주체는 객체에 읽을 수는 있으나, 쓰기를 할 수 없음.
  - 주체가 실수로 객체에 2등급의 비밀을 3등급 객체에 쓴다면 비밀 노출 발생 → 정보의 기밀성(Confidentiality) 손상 입음.
  - 군사 조직 등 기밀성(Confidentiality)이 중요한 곳에서는 하위 등급의 data(객체)에 쓰기 권한 부여하지 않는 정책을 실행함.

③ MAC의 특징

- 모든 객체는 정보의 비밀성에 근거하여 보안 레벨이 주어지면 허가된 사용자만이 접근할 수 있도록 엄격히 관리됨.

- MAC이 어느 한 객체에 접근 불가 시 그 객체가 가지는 보안 등급의 어떠한 객체의 접근도 불가
- 시스템 성능 문제와 구현의 어려움 때문에 주로 군사용으로 쓰임.

④ MAC정책 분류

MLP (Multi-Level Policy)	• 자동화된 강제적 시행 정책을 따르는 방식으로서 일반적으로 허가되지 않은 노출로부터 정보를 보호하기 위해 사용 • 미국 방식의 보안지표를 사용하며, BLP(Bell and Lapadala) 수학적 모델로 표현 가능 • Top Secret, Confidential, Restricted, Unclassfied 등
CBP (Component Based Policy)	• 일련의 타깃 집합이 다른 타깃들과 분리된 이름의 범주(Category)를 갖고 연결됨. • 사용자는 그 부서의 타깃에 접근할 수 있도록 그 부서에 명백히 구분된 접근허가를 보유해야 함.

(3) 역할기반 접근통제(RBAC, Role Based Access Control)

① RBAC의 개념

- 중앙관리자가 주체와 객체의 상호관계를 통제하며 조직 내에서 맡은 역할에 기초하여 자원에 대한 접근허용 여부가 결정됨.
- GBP의 한 가지 변형, 접근통제정책을 정형화하는 구문의미적 측면에서 역할(Role)이 그룹에 대응됨.
- 정보에 대한 사용자의 접근은 개별적인 신분이 아니라 조직 내에서 개인의 역할(또는 직무/직책)에 따라 결정됨.
- RBAC에서 자원에 대한 접근은 사용자에게 할당된 역할에 기반하고 관리자는 사용에게 특정한 권리와 권한이 정의된 역할을 할당함.
- 사용자들의 사용자와 할당된 역할의 연관성으로 인하여 자원들에 접근할 수 있고 특정한 작업들을 수행할 수 있음.
- RBAC 역시 비임의적 접근제어로 알려져 있으며 사용자의 역할 할당은 중앙에서 관리함.

② RBAC의 장점

구분	내용
권한 관리	• Authorization Management • 사용자의 권한 지정을 논리적·독립적으로 할당하거나 회수가 가능하며 보안관리를 단순화
계층적 역할분배	• 역할에 대한 계층을 두어 상속가능(Hierachical Role) • 권한에 대한 관리를 단순하게 함.
최소권한 정책	• 사용자에게 최소한의 필요한 권한만 부여함으로써 권한의 남용을 방지
임무의 분리	• Separation of duty • 시스템상의 오용을 발생시킬 수 있는 충분한 권한을 갖는 사용자 분리
객체 분류	수행하는 업무에 따라 사용자 분류 및 권한 제한이 가능

3) 접근제어정책의 비교

구분	MAC	DAC	RBAC
특징	강제적 통제	객체중심통제	그룹/Role 단위 통제
통제기반	규칙기반(Rule Based)	신분기반 (Identity Based)	역할기반(Role Based)
통제주체	시스템	객체 Owner	Administrator
구성요소	Clearance Security Level Need to know	ACL	Role Group Need to know
장점	보안성 매우 높음	구현 용이, 유연성	구성변경 용이
활용	군, 정부	대부분 OS	조직, 기업, ERP 등

4) 접근제어의 활용과 고려사항

(1) 접근제어의 활용

- 기업의 내/외부 사용자 접근 통제
- OS 및 응용 시스템에서의 파일, 문서, 데이터 접근 통제
- 유/무선 통신 및 인터넷의 시스템, 서비스 접근 통제

(2) 접근제어의 고려사항

- 시스템의 접근속도 및 편의성(인증방식)
- 보안성 및 정보의 중요도 고려

- 유연성(접근통제모델) 분석
- 통제 목적 및 운영환경을 종합적으로 고려한 후 통제 방식 결정

2. 보안 운영체제(Secure OS) or 신뢰성 운영체제(Trusted OS)

1) 보안 운영체제(Secure OS) or 신뢰성 운영체제(Trusted OS)의 개념

- 컴퓨터 운영체제상에 내재된 보안상의 결함으로 인하여 발생할 수 있는 각종 해킹으로부터 시스템을 보호하기 위하여 기존의 운영체제 내에 보안 기능을 추가한 운영체제
- 보안계층을 파일 시스템과 디바이스, 프로세스에 대한 접근권한 결정이 이루어지는 운영체제의 커널 레벨로 낮춘 차세대 보안 솔루션
- 컴퓨터 사용자에 대한 식별 및 인증, 강제적 접근 통제, 임의적 접근 통제, 재사용 방지, 침입 탐지 등의 보안 기능 요소를 갖춘 운영체제

2) 보안 운영체제의 목적

(1) 안정성

- 중단 없는 안정적인 서비스를 지원함.

(2) 신뢰성

- 중요 정보의 안전한 보호를 통한 신뢰성 확보

(3) 보안성

- 주요 핵심 서버에 대한 침입차단 및 통합 보안 관리
- 안전한 운영체제 기반 서버보안 보호대책 마련
- 버퍼오버 플로우, 인터넷 웜 등 다양해지는 해킹 공격을 효과적으로 방어할 수 있는 서버 운영환경 구축

3) 보안 운영체제의 구성도

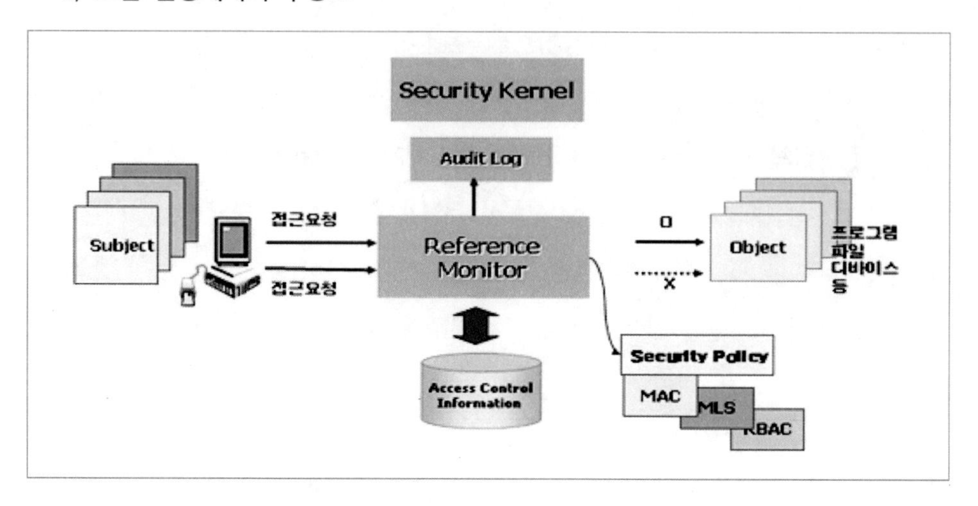

4) 보안 운영체제의 기능

(1) 식별 및 인증, 계정 관리

- 고유한 사용자 신분에 대한 인증 및 검증
- 시스템 사용 인식, 인증(사용자 신분, 유일성 보장)
- Root의 기능 제한 및 보안관리자와 권한 분리
- 계정의 패스워드 관리 및 유효기간 관리, 사용자별 SU 권한 제어
- Login 시 사용자 권한 부여 및 해킹에 의한 권한 변경 금지
- PAM/LAM 인증 지원, 서비스별로 보안인증 제어 기능

(2) 강제적 접근통제

- 보안관리자 또는 운영체제에 의해 정해진 규칙에 따라 자동적 강제적 사용자 접근통제
- RBAC(Role Based Access Control)에 의한 정확하고 쉬운 정책 설정
- 주체와 객체에 대한 보안 그룹화 및 Role 명시, 정책 검색 기능
- 모든 접근제어 설정에 대하여 개별적·전체적으로 사전 탐지 기능(테스트 모드)

(3) 임의적 접근통제

- 사전에 보안정책이나 보안관리자에 의해 개별 사용자에게 합법적으로 부여한 한도 내의 재량권에 따라 사용자가 그 재량권을 적용하여 접근통제

(4) 객체 재사용 방지

- 메모리에 이전 사용자가 사용하던 정보가 남아 있지 않도록 기억장치 공간을 깨끗이 정리

(5) 완전한 중재 및 조정

- 모든 접근경로에 대한 완전한 통제

(6) 감사 및 감사기록 축소

- 보안 관련 사건 기록의 유지 및 감사기록의 보호
- 막대한 양의 감사기록에 대한 분석 및 축소

(7) 안전한 경로

- 패스워드 설정 및 접근 허용의 변경 등과 같은 보안 관련 작업을 안전하게 할 수 있도록 경로 제공

(8) 보안커널 변경방지

- 보안 커널의 관리기능과 시스템의 분리
- 시스템의 루트 권한으로 접근하더라도 보안커널의 변경 방지

(9) 해킹방지

- 커널의 참조 모니터를 통해 알고리즘에 의해서 해킹을 근원적 탐지 및 차단
- BOF, Format String, Race Condition, Process Trace, Root Shell 등의 해킹 기법에 대한 직접적 대응, Remote/Local Attack 대응, 알려지지 않은 Worm 대응

- 해킹의 즉각적 탐지/실시간 차단/실시간 정보

(10) 통합 관리

- 다수의 서버 보안 관리를 하나의 관리자 스테이션에서 종합으로 관리 가능

3. 트랜잭션(Transaction)

1) 데이터베이스에서 행해지는 논리적인 작업단위, 트랜잭션에 대한 개요

(1) 트랜잭션(Transaction)의 정의

- 한 번에 수행되어야 할 데이터베이스의 일련의 Read와 Write연산을 수행하는 단위
- 하나의 논리적 기능을 수행하기 위한 작업의 단위로서 데이터베이스의 일관된 상태를 또 다른 일관된 상태로 변환시킴.

(2) 트랜잭션의 특징(ACID)

특징	설명
Atomicity (원자성)	• 트랜잭션은 분해가 불가능한 최소의 단위로서 연산 전체가 처리되거나 전체가 처리되지 않아야 함(All or Nothing). • Commit/Rollback 연산
Consistency (일관성)	• 트랜잭션이 실행을 성공적으로 완료하면 언제나 모순 없이 일관성 있는 데이터베이스 상태를 보존함.
Isolation (고립성)	• 트랜잭션이 실행 중에 생성하는 연산의 중간 결과를 다른 트랜잭션이 접근할 수 없음.
Durability (영속성)	• 성공이 완료된 트랜잭션의 결과는 영구(속)적으로 데이터베이스에 저장됨.

2) 트랜잭션 상태에 관한 개념도 및 개념 정의

(1) 트랜잭션 상태에 관한 개념도

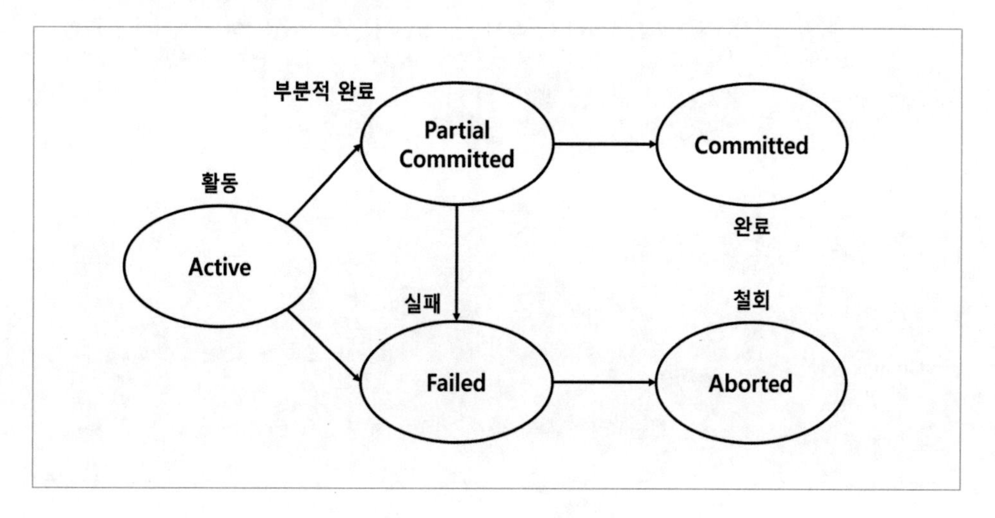

(2) 트랜잭션 상태 개념 정의

구분	설명
활동상태: Active	초기 상태, 트랜잭션이 실행 중이면 동작상태에 있다고 할 수 있음.
부분완료 상태: Partial Committed	마지막 명령문이 실행된 후에 가지는 상태
완료상태: Committed	트랜잭션이 성공적으로 완료된 후 가지는 상태
실패 상태: Failed	정상적인 실행이 더 이상 진행될 수 없을 때 가지는 상태

3) 트랜잭션(Transaction)의 3가지 연산

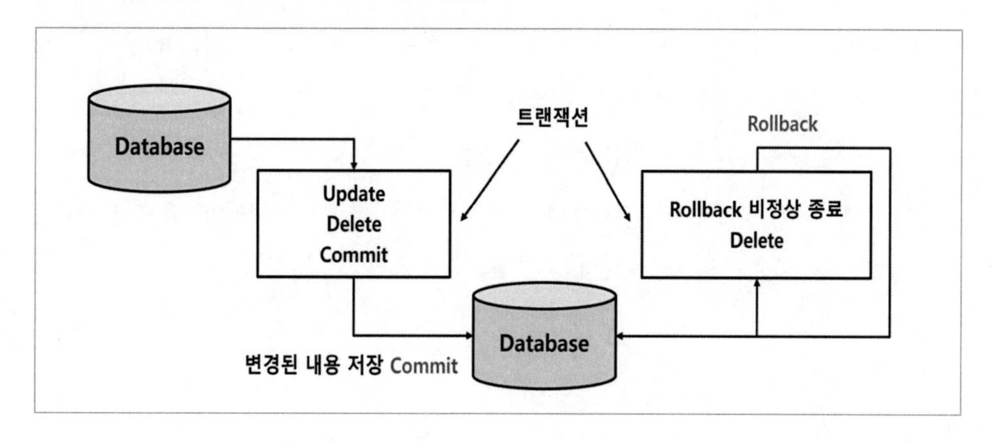

(1) 철회된 트랜잭션의 연산

연산	설명
트랜잭션 재실행 (Restart)	• 철회된 트랜잭션을 다시 새로운 트랜잭션으로 취급하여 재시작하는 방법 • 철회된 트랜잭션의 내부적인 논리 오류가 아니라, HW, SW 오류인 경우
트랜잭션 폐기 (Kill)	• 철회된 트랜잭션을 폐기하는 방법 • 트랜잭션의 철회 원인이 트랜잭션의 내부적인 논리 오류가 원인

(2) 트랜잭션의 정상 종료 연산

연산	설명
Commit 연산	• Data 변경 내용을 데이터베이스에 저장, 새로운 트랜잭션은 Commit문 다음 시작 가능
프로그램 정상 종료	• 새로운 트랜잭션은 시작 불가. 변경 내용 저장을 Commit 연산과 동일한 처리

(3) 트랜잭션의 비정상 종료 연산

연산	설명
Commit 연산	• Data 변경 내용을 데이터베이스에 저장, 새로운 트랜잭션은 Commit문 다음 시작 가능
Rollback 연산	• 해당 트랜잭션을 중지, 폐기하고, 데이터베이스 내용을 Roll back • 새로운 Transaction은 Rollback문 다음 시작 가능

4) Transaction 처리 시 고려사항 및 활용

(1) Transaction 처리 시 고려사항

- 트랜잭션의 동시성 구현: 트랜잭션의 동시 실행은 트랜잭션의 처리율과 시스템 이용률을 높이고, 대기시간을 줄임으로써, 동시성을 높일 수 있음.
- 트랜잭션 수행시간을 최대한 짧게 수행함.
  긴 트랜잭션의 경우에는 Locking 수행시간이 길게 됨으로써, 충돌현상 및 Deadlock 발생소지 → 트랜잭션 수행 시간 짧게 구성 필요

(2) Transaction 활용

- 용량산정 근거자료로서 이용

테이블의 모든 생성 트랜잭션 수를 파악한 다음 그 테이블에서 연관된 테이블들의 생성 트랜잭션을 분석해 나가면 각 테이블에 저장되는 데이터양을 유추

- 디스크 구성에 이용

  각 테이블에 발생하는 트랜잭션의 수가 많을 경우 디스크 I/O의 집중화 현상을 방지하기 위해 데이터베이스의 데이터 파일을 여러 디스크에 나누어 설계하고 그에 따라 테이블 스페이스도 여러 디스크에 나누어 설계하는 전략을 세울 수 있음.

4. 정규화(Normalization)

1) 이상현상 제거를 위한 무손실 분해 과정, 정규화(Normalization)의 개요

(1) 정규화(Normalization)의 정의

- 이상 현상(Anomaly)을 야기하는 Attribute 간의 종속 관계를 제거하기 위해 Relation을 작은 Relation으로 무손실 분해하는 과정
- 속성(Attribute)들 간의 종속성(Dependency)을 분석해서 기본적으로 하나의 종속성이 하나의 Relation으로 표현되도록 분해해 나가는 과정

(2) 데이터의 이상현상(Anomaly)

- 데이터의 중복으로 릴레이션을 처리할 때 즉, 데이터를 변경하려고 할 때 이상현상(Anomaly)이 발생

구분	설명
삭제 이상	릴레이션 R에서 특정 투플을 삭제할 경우 원하지 않는 정보까지도 삭제되는 현상
삽입 이상	릴레이션 R에서 특정 투플을 삽입할 경우 원하지 않는 (불필요한) 정보까지도 삽입하는 현상
갱신 이상	릴레이션 R에서 특정 속성값 갱신 시에 중복 저장되어 있는 속성값 중 하나만 갱신하고, 나머지 것은 갱신하지 않아 발생하는 데이터의 불일치 현상

(3) 정규화의 필요성

- 중복의 제거로 저장공간의 최소화
- 종속성 삭제로 일관성 및 무결성 보장
- 자료의 삽입, 갱신 및 삭제에 따른 이상현상(Anomaly) 제거

- 데이터 신규 발생 시 DB 재구성의 필요성을 감소(유연한 구조)
- 다양한 고객 요구 대응능력 확보 용이
- 연관 관계를 이용한 관리 및 이해 편리

2) 정규화의 원리 및 함수적 종속성 개념

(1) 정규화의 원리

구분	설명
정보의 무손실 (Lossless Decomposition)	분해된 Relation이 표현하는 정보는 분해되기 전의 정보를 모두 포함하고 있어야 하며 보다 더 바람직한 구조여야 함.
데이터 중복성의 감소	• 최소한의 중복으로 여러 가지 이상현상을 제거 • 중복으로 인한 이상현상 발생 방지
분리의 원칙 (Decomposition)	하나의 독립된 관계성은 하나의 독립된 Relation으로 분리하여 표현한다는 것

※ 무손실 분해: 릴레이션을 분해한 후, 분해한 릴레이션을 조인하여 저장 정보의 손실이 없이 원래의 릴레이션을 생성할 수 있는 것.

(2) 함수적 종속성의 정의

- 하나의 속성이 다른 속성을 결정짓는데 데이터들이 어떤 기준값에 의해 종속되는 현상
- 'Y는 X에 함수적으로 종속된다'라고 정의하고 X→Y 로 표기

구분	설명
함수적 종속성	Functional Dependency 하나의 속성(X)이 다른 속성(Y)을 결정지을 때 Y는 X에 함수적으로 종속되어 있다고 표현
다중값 종속성	Multi-valued Dependency 하나의 속성값에 대하여 둘 이상의 다중값 속성을 갖는 경우
결합 종속성	Join Dependency 둘로 나눌 때는 원래의 관계로 회복할 수 없으나 셋 또는 그 이상으로 분리시킬 때는 원래의 관계로 회복할 수 있는 경우

(3) 정규화의 절차

구분	단계	내용	특성
기본 정규화	1차 정규화	반복되는 속성 제거	데이터 간 종속성이 강함
	2차 정규화	부분함수 종속성 제거	
	3차 정규화	이행함수 종속성 제거	
	BCNF	결정자함수 종속성 제거	↓ ↑
고급 정규화	4차 정규화	다중값 종속성 제거	
	5차 정규화	결함 종속성 제거	데이터 간 결합성이 강함

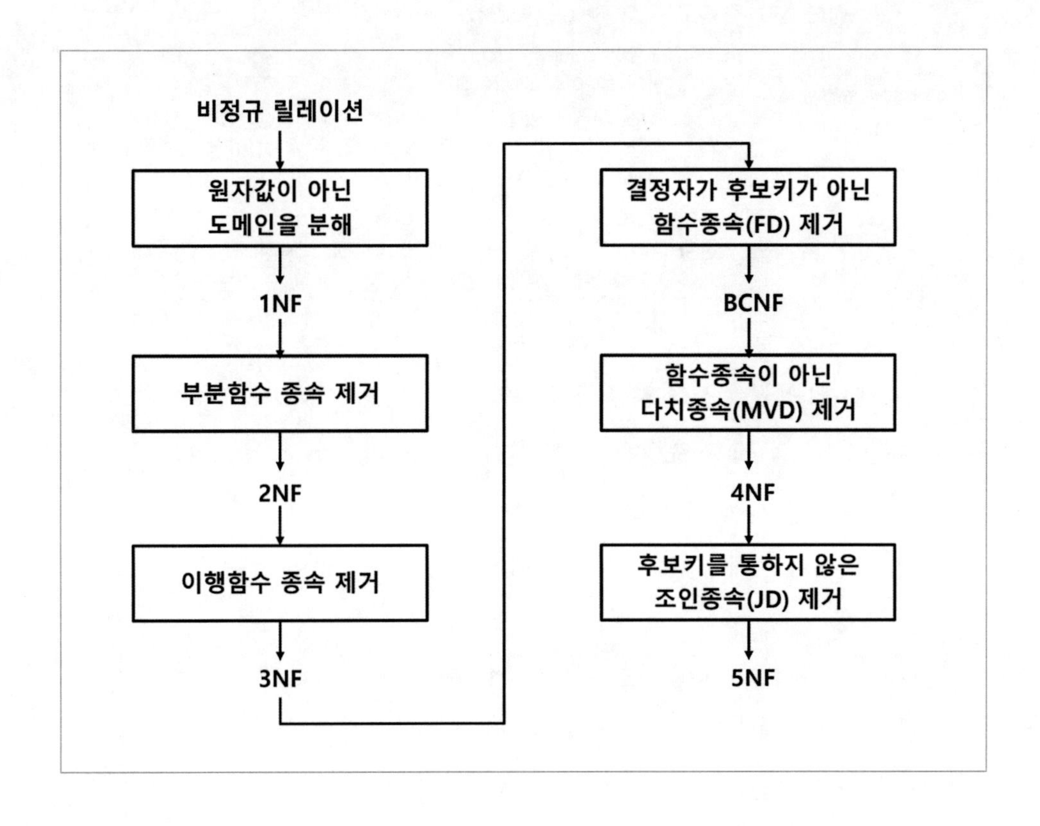

(4) 종속성의 유형

종속성 구분		주요개념
함수적 종속성 (FD)	함수적 종속성	• 어떤 릴레이션 R에서, 애트리뷰트 X의 값 각각에 대해 애트리뷰트 Y의 값이 하나만 연관되는 것 • X는 Y를 함수적으로 결정(Y는 X에 종속) • 표기: X→Y (X는 결정자(determinant), Y는 종속자(dependent))
	부분함수적 종속성(2NF)	• X→Y에서 Y가 X의 부분집합에 대해서도 함수적으로 종속되는 경우
	이행함수적 종속성(3NF)	• 릴레이션 R에서 속성 A→X이고 X→Y이면 A→Y
	결정자 함수적 종속성(BCNF)	• 함수적 종속이 되는 결정자가 후보키가 아닌 경우 • 즉, X→Y에서 X가 후보키가 아님.
다중값 종속성 (4NF)		• MVD: Multi Valued Dependency • 한 관계에 둘 이상의 독립적 다중값 속성이 존재하는 경우 • X, Y, Z 세 개의 속성을 가진 릴레이션 R에서 속성 쌍(X, Y) 값에 대응하는 Y값의 집합이 X값에만 종속되고 Z값에는 독립이면 Y는 X에 다중값 종속된다고 하고 X→Y로 표기
조인 종속성 (5NF)		• JD: Join Dependency • 관계 중에서 둘로 나눌 때는 원래의 관계로 회복할 수 없으니, 셋 또는 그 이상으로 분리시킬 때 원래의 관계를 복원할 수 있는 특수한 경우임.

3) 현장에서의 정규화 전략 및 정규화 방안

(1) 실전에서의 정규화 전략

- 데이터 모델링 시 논리 모델→물리 모델 단계로 수행
- 객체지향 분석 설계에서는 클래스 다이어그램 → OR Mapping → 물리 모델 단계로 수행
- 업무가 익숙하고 시스템 규모가 작은 경우는 바로 물리 모델링
- 모델링 시 기술적 능력과 업무 프로세스에 충분한 지식을 겸비한 아키텍트나 설계자가 반드시 참여

(2) 정규화 방안

- 릴레이션의 정규화는 실제 데이터값이 아니라 개념적인 측면에서 다루어져야 함.
- 엔티티 타입을 분석해가면서 각각의 오브젝트가 적절하게 도출이 되었는지 또는 더 분리되어야 하는지를 정규화 규칙에 대입하여 검증

5. VPN(Virtual Private Network)

1) 공중망에 보안과 QoS를 제공하여 마치 사설망처럼 사용하는 VPN 개요

(1) VPN(Virtual Private Network)의 정의

- 터널링(Tunneling) 기법을 사용해 공중망에 접속해 있는 두 네트워크 사이의 연결을 마치 전용회선을 이용해 연결한 것과 같은 효과를 내는 가상 네트워크

(2) VPN의 등장배경

- 본점, 지점, 지사 등 사업망 확대에 따른 전용망의 필요성 증가
- 글로벌 기업의 해외 자회사 간, 기업 간 협업을 위한 전용망 범위 증가
- 이동 근무 지원으로 기업 생산성 향상에 대한 기대
- 전용망 구성과 관리를 위한 비용의 증가 및 사용량에 따른 대역폭의 탄력적 변경 필요

(3) VPN의 특징

구분	내용
서비스 제공자 측면	• 서비스의 질을 관리할 수 있음. • 네트워크 효율성 증대로 경제적 이익 향상 • 가입자에 따른 차별화 된 서비스 제공 가능 • 신규 기술 접목 용이
가입자 측면	• 적은 비용으로 넓은 범위의 네트워크 구성 가능 • 네트워크 관리 및 운영 비용의 절감 • 인터넷과 같은 공개 IP 네트워크의 안정성 • 기업 네트워크의 확장 용이
단점	• 인터넷은 전용선 수준의 신뢰성을 주지 못함. • 라우터 기반의 VPN은 확장성의 제한 • 사설망에 비해 보안 처리의 문제점

2) VPN의 개념도 및 구현 기술

(1) VPN의 개념도

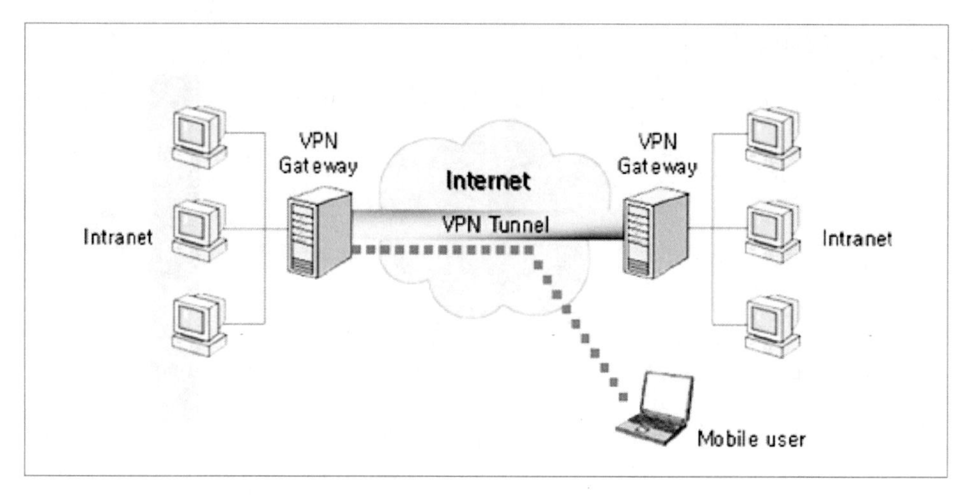

※ 터널 개념도-게이트웨이, 원격사용자 포함.

- Layer2: L2F, L2TP, PPTP, MPLS Layer3: IPSec Layer4: SSL 프로토콜 사용
- L2F: Layer 2 Forwarding
- PPTP: Point-to-Point Tunneling Protocol
- MPLS: Multiprotocol Label Switching
- L2TP: Layer 2 Tunneling Protocol
- SSL: Secure Socket Layer

(2) VPN Protocol의 OSI 7 Layer 사용 계층

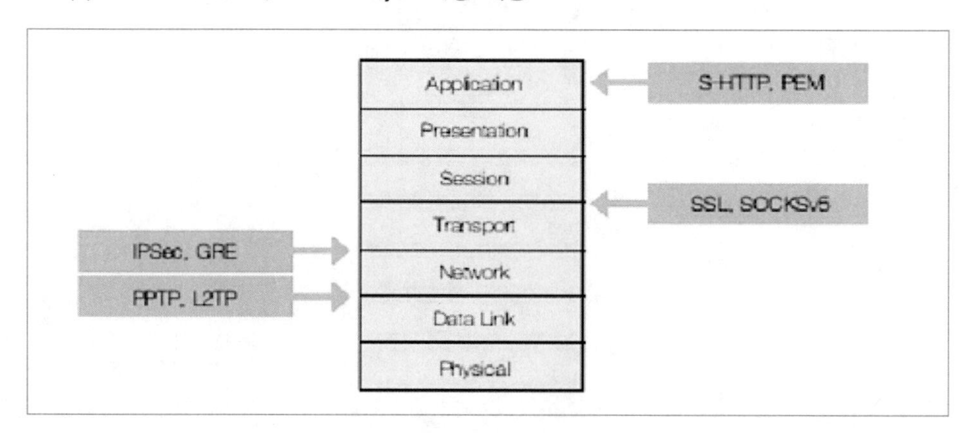

(3) VPN의 구현기술

구현기술	내용
인증	• 네트워크를 통해 데이터를 보낸 자가 누구인지 인증
터널링	• 인터넷상에서 가상의 정보흐름 통로 • 패킷을 사전에 암호화하는 방법을 규정한 IPSec이 업계 표준
암호화	• 밀성 보장을 위한 매커니즘 • 전송중인 정보의 공개방지(DES, SEED 등 사용).
키관리	• 사전에 공유한 암호화 키의 안전한 분배를 위한 키의 안전한 관리 메커니즘 • IKE(Internet Key Exchange) 프로토콜을 사용
복수 프로토콜 지원	• 공용 네트워크에서 일반적으로 사용되는 프로토콜을 처리

3) VPN의 구현방식과 구성유형

(1) VPN 구현방식

구현방식	개념	특징
방화벽 기반	• 방화벽(Firewall)에 VPN 기능 추가	• 병목현상 발생 가능
라우터 기반	• 전송경로상의 Router에 VPN 기능 추가 • VPN 성능이 라우터에 종속	• 보안 노출문제 발생 가능
전용 VPN (전용 시스템)	• 내부 네트워크 보안이 필요한 곳에 별도 설치	• 고비용

(2) VPN 구성유형

구분	LAN to LAN	LAN to Client
개념	두 개의 네트워크를 VPN으로 구성	원격지의 개인 사용자와 보호 대상 네트워크를 연결
활용 예시	본사-지사 연결	출장자, 재택 근무자 지원
인증	VPN 장비 간	VPN 장비와 VPN Client 프로그램
암호화	고속	저속
이슈	성능	인증, 사용자 편의성
적용 솔루션	IPSec VPN 적합	SSL, VPN 적합

4) 차세대 VPN의 종류

(1) IPSec VPN

구분	주요내용
개념	• IP 프로토콜의 일부인 IPSec 프로토콜을 이용하여 VPN을 구현 • 전용 VPN 장비기반기술
동작계층	• 네트워크계층(3계층)
구성방법	• 랜투랜 VPN(Site-to-Site, 혹은 Gateway-to-Gateway) • 원격접속 VPN(Site-to-Remote, 혹은 Gateway-to-Remote)
적합한 환경	• 일반적인 본사-지사 간 VPN 환경 • C/S 기반 애플리케이션 운영
표준	• RFC 2401
장점	• 보안수준과 암호화 기능이 뛰어남(높은 보안수준 유지가능). • 다양한 환경에 적용, 고객이 애플리케이션과 독립적으로 운영(투명성 제공) • 다양한 인터넷 접속기술 활용 가능 • 고객사 고유정책 반영
단점	• 높은 초기도입 비용, 각지사 VPN 장비 필요 • 트래픽 제어 및 QoS 기능 미약 • 지속적인 관리비용 발생, 대규모 원격 접속환경에는 다소 부족함.

(2) MPLS VPN

구분	주요내용
개념	• 패킷스위칭 기술인 MPLS 환경을 통해 VPN 구현 • 네트워크 기반 기술
동작계층	• 데이터링크 계층(2, 3계층)
구성방법	• 랜투랜, 원격접속
적합한 환경	• 시간에 민감한 애플리케이션 운영 환경(음성, 동영상)
표준	• RFC 2547
장점	• 확장성: 동일 네트워크를 이용하여 다수의 VPN 서비스 제공 • 통합성: 단일 네트워크에서 데이터, 음성, 비디오 데이터 처리 가능 • 표준 기술: 이기종 간 호환성에 대한 검증 필요 없음 • 트래픽 관리 기술: 트래픽 제어 기술 제공으로 QoS, CoS 서비스 제공 가능 • 관리 편의성: 별도의 투자 비용이나 관리 비용 없음
단점	• 동일 ISP 내부에서만 운영 가능, 고객사 고유정책 반영 미약 • 공중망 전송 시 암호화 기능 미약함, 대역폭에 비해 고비용 구조
구성	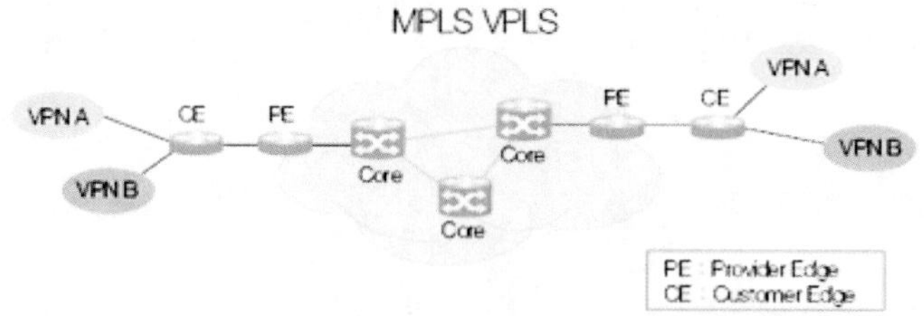 MPLS VPLS VPN A, VPN B, CE, PE, Core, Core, Core, PE, CE, VPN A, VPN B PE : Provider Edge CE : Customer Edge

(3) SSL VPN

구분	주요내용
개념	• 보안통신 프로토콜을 통해 VPN 구현 • 네트워크 기반기술
동작계층	• 전송계층~응용계층(4~7계층)
구성방법	• 원격접속
적합한 환경	• 다수의 원격 사용자를 가진 환경 • 웹 기반 애플리케이션 운영환경
장점	• 별도의 장비 없이 웹브라우저만으로 VPN 구현 가능(Clientless VPN) • 뛰어난 사용성, 관리 편의성
단점	• 적용 가능한 애플리케이션의 제한(UDP 사용제한) • SSL 자체의 부하(핸드쉐이킹 지연, 암호화/복호화 지연)
구성	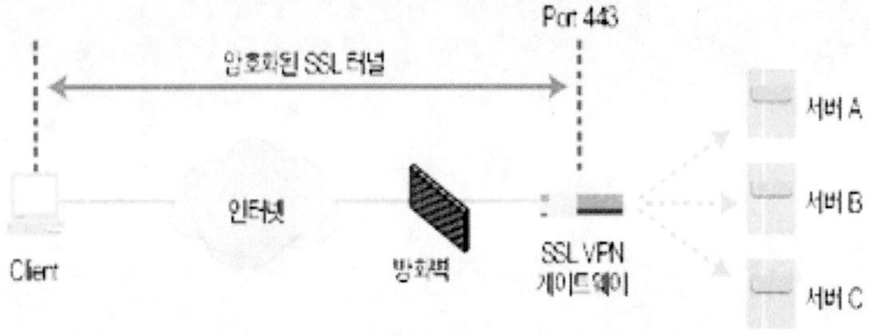 Port 443 암호화된 SSL 터널 Client 인터넷 방화벽 SSL VPN 게이트웨이 서버 A 서버 B 서버 C

(4) VoVPN(Voice over VPN)

구분	주요내용
개념	VPN 인프라에서 VoIP서비스를 구현한 VPN 구조
장점	VPN 암호화 통신에 음성데이터를 통합하거나 기존 VoIP에 VPN을 적용하여 비용절감 및 보안수준 향상
구성	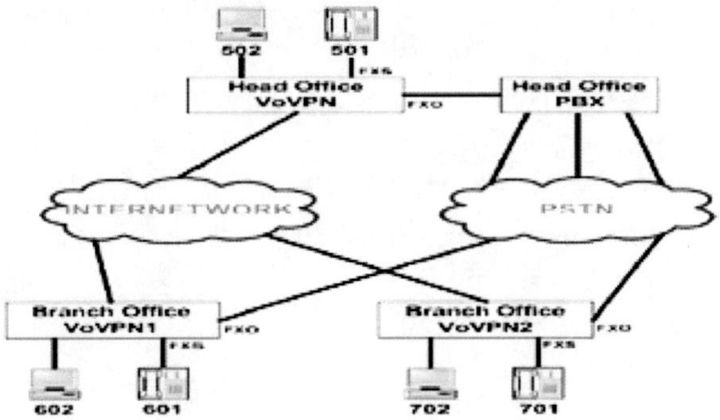 502 501 FXS Head Office VoVPN FXO Head Office PBX INTERNETWORK PSTN Branch Office VoVPN1 FXO FXS Branch Office VoVPN2 FXO FXS 602 601 702 701

(5) Mobile VPN(모바일 가상사설망)

구분	주요내용
개념	• MVPN은 보안에 취약한 모바일 네트워크 환경에서 신뢰성 있는 통신을 지원하기 위해 모바일 네트워크 구간에 VPN 암호화 기술을 적용 • 모바일 IP, IPSec 및 SSL 등과 같은 보안표준을 기반으로 무선 접속을 위해 배치·특화된 VPN
적합한 환경	발전된 무선기술을 통한 인터넷 접속으로 모바일 단말기에서 다양한 애플리케이션 사용 가능
장점	• 사용자는 로밍 시에도 접속상태 유지 가능 • 끊기지 않는 애플리케이션 이전을 제공, 사용자가 다른 네트워크로 이동해도 개개의 애플리케이션에 재로그인 필요 없음. • 직원의 생산성 향상 및 고객만족 증가
단점	• 무선네트워크/단말기에 위협이 내재 • 사이버 범죄에 취약한 위험성 초래 가능 • 무선 보안 제품들에 대한 지식의 부족
구성	 Illegal user Data cracking Mobile user TELCO open Internet Intranet VPN Gateway Authentication Encryption/Decryption Connection CDMA/TDMA/GSM Wireless LAN Ethernet PDA (Mobile VPN Client) Authentication Encryption/Decryption

(6) Managed VPN(관리형 VPN)

구분	주요내용
개념	• VPN 장비를 외주사에서 관리하는 것
적합한 환경	• 별도의 전산인력 부재환경, 관제업무 병행 희망고객
장점	• 초기장비 도입비용 없음. • 유지보수 및 관리비용 절감 가능
단점	• 다소 고비용, 고객고유의 정책반영 힘듦. • 보안, 암호화 수준 미비 여지, 고객정보 유출

5) VPN의 주요 프로토콜 비교

구분	PPTP	L2TP	IPSec	SOCKET V5
표준화 여부	Microsoft	RFC 2661	RFC 2401~2412	RFC 1928, 1929, 1961
제공 계층	2계층	2계층	3계층	5계층
제공 프로토콜	IP, IPX, NetBEUI 외	IP, IPX, NetBEUI 외	IP	TCP, UDP
사용자 인증	없음	없음	없음 (부분적 가능)	가능
데이터 암호화	없음 (PPP제공)	없음 (PPP제공)	패킷 단위 제공	메시지 단위 제공
키 관리	없음	없음	ISAKMP/Oakley, SKP	GSS-API/SSL
터널링	Single PPP Tunnel Per Connection	Multi PPP Tunnel Per Connection	Multi PPP Tunnel Per SA	Session
적용 VPN 모델	원격접속 VPN	원격접속 VPN	인트라넷 VPN 및 원격접속 VPN	엑스트라넷 VPN

6) VPN의 도입절차 및 도입 시 고려사항

(1) VPN의 도입절차

도입절차	내용
계획 수립	기업 환경에서 성공적인 VPN 도입을 위해서는 VPN 도입 목적과 현재 상황에 대한 분석 작업 및 구축 완료 후 얻게 될 도입 효과 등에 대해 명확하게 계획 수립 및 정의
정보 수집	제품 선정과 도입을 위한 정보를 수집 및 분석 실시
제품 선정	제안요청서(Request For Proposal: RFP) 발송과 접수된 제안서 평가 후, 시범 서비스나 벤치마크 테스트(Bench Mark Test: BMT)를 통해 세부 기능, 안정성, 편의성 등의 평가를 진행한 후 결과를 취합하여 최종 제품을 선정
설계	수집된 정보와 고객사의 네트워크 환경, 트래픽 유형 및 업무용 프로세스 분석을 통해 실제 보안 정책을 설계
구축 후 테스트	설계에 따라 실 구축 후 다양한 환경에 대한 테스트를 수행하여 안정성을 검증하고 사용자 교육 및 장애에 대한 유지보수

(2) VPN의 도입 시 고려사항

① 도입사 측면의 고려사항

구분	내용
목표, 전략 검토	VPN 도입을 위한 자사의 목적과 전략 검토(보안레벨 향상, 업무효율성 향상 등에 대한 정량적 검토)
비용 검토	ROI, 회수율: 투자대비 효과 및 투자비용 회수율 구축비, 운영비: VPN 도입 시 발생되는 비용과 운영에 발생되는 비용을 전용망에 대비하여 분석
기존 Network 환경에서 VPN 적용을 검토	관리자는 자사의 업무특성을 파악하여 어떤 구성이 적합한지 잠정적으로 파악해야 함. 예) Remote Access VPN: 전국적인 재택근무 및 이동 사용자가 원격지 에서 업무 서버 접근이 빈번함. Site to Site VPN(Intranet VPN): 전국적인 유통 대리점이 널리 분포되어 있다면 이때 적합 대부분은 Remote Access VPN과 Site to Site VPN이 혼합된 구성이 많으며, 비중의 차이만 있을 뿐임. 외부고객까지 확장되는 Extranet VPN 구성은 내부 보안정책 및 협력관계 정도에 따라 이루어지므로 적용 사례가 많지 않음.
보안 통합 기획	VPN 도입 전에 보안통합에 대한 상세한 기획 필요
운영 및 평가	VPN 도입 이후 관련 PM이 업무에 전담하여 운용 및 효과를 평가

② 기능적 측면의 고려사항

구분	내용
터널링 기술과 구성 형태 선택	Client를 활용한 IPSec 기반의 VPN을 도입할 것인지 웹브라우저 기반의 SSL VPN을 도입할 것인지 고려해야 함.
장애복구 시간	일시적 장애발생 시 OS 재기동만으로도 정상 동작하는가?
기존 N/W 환경 수용	방화벽, 사설 IP 등을 사용하는 기업망의 적용 시 N/W 변경을 최소화하면서 구성될 수 있는가?
상호 운영성	본사, 지사가 서로 다른 VPN 구성일 경우 IPSec 등의 연동에 문제가 없는가?
다양한 접속 지원	Remote Access VPN의 경우 국내는 PPP, ADSL, Cable, Wireless 등의 다양한 원격지 접속을 요구함.
관리 편리성	로그, 통계, 리포팅 등의 기능에서 관리의 편리성이 지원되어야 함. 편리한 유지보수 및 사용자 관리 기능, 모니터링 기능
확장성	대부분의 VPN 제품들이 Fast Ethernet을 지원하고 있지만, 최근 들어 상호 간에 전송되는 트래픽 양의 증가와 더불어 Gigabit VPN 제품을 검토하는 사례가 증가하므로 확장성을 위해 검토되어야 함.
안정성	해킹 및 침해에 대한 강건성 인터넷 사용에 따른 신뢰성 있는 대역폭 확보

6. BCP(Business Continuity Planning)

1) 기업 비즈니스 연속성 보장을 위한 BCP의 개요

(1) BCP(Business Continuity Planning)의 정의

- 천재지변 등 재해발생 시 시스템의 복구 및 데이터 복원 등과 같은 단순 복구차원이 아닌, DR(Disaster Recovery)을 비롯하여 전사 복구 계획/인적 자원/물적 구성까지 포함한 기업 비즈니스 연속성을 보장할 수 있는 체계(계획)
- BCM(Business Continuity Planning)은 BCP와 같은 개념으로 유럽에서 주로 사용되는 용어이며 영국표준으로 BS25999가 있음.
- 모든 요소인 IT. People, Media & Communication 등이 대상이 됨.
- 24시간 비즈니스 운영체제 구축을 의미함.

(2) BCP의 도입목적

- 각종 재해, 재난 비상사태 발생 시 조직의 핵심업무의 지속성 유지
- 고객 보호 및 고객 만족 실현, 경쟁력 향상 및 대외 신인도 향상
- 비즈니스를 위한 IT시스템 복구과정의 효과적 통제/관리(IT Governance)

2) BCP의 프레임워크 및 구성요소

(1) BCP의 프레임워크

항목	대상	산출물
재해복구(DR)	핵심업무 지원 애플리케이션	재해복구 계획
업무복구(BR)	핵심업무 프로세스	업무복구 계획
업무재개(BR-Resumption)	업무 프로세스 전반	대체 프로세스 계획
비상계획	내·외부로부터의 사건	업무비상 계획

(2) BCP의 구성요소

구분	내용
DRS	• Disaster Recovery Service: 정보시스템에 대한 비상대비체제 유지와 각 업무 조직별 비상사태에 대비한 복구계획 수립을 통한 업무 연속성을 유지할 수 있는 체제 • 최소한의 재난 대비 • BCP의 최소 요소

구분	내용
	[참고] • RCO(Recovery communication objection): 네트워크 복구 목표 • RSO(Recovery Scope Objection): 업무 복구 범위 목표 • BCO(Backup center Objection): 백업센터 구축 목표
BR	• Business Recovery: 핵심업무 프로세스 복구 • 기업의 연속성을 위한 중요업무 등을 복구하기 위한 개념 • BCP의 부분 개념
BIA	• Business Impact Analysis; 업무 영향 분석: 복구 우선 순위 파악 • RPO, RTO를 사전에 파악하고 솔루션 및 DR Center로의 이동 및 Distance를 고려함.
Backup	• 데이터 복제의 주기 및 방법, 보관 데이터의 정합성 유지 • 변경된 데이터의 구조 및 애플리케이션 등의 반영 • ILM, Log-shipping 처리, Storage 복제 솔루션 연동
Planning	• 업무 및 데이터의 중요도 분류 및 선정 • IMP, DRP 등의 작성을 통한 Disaster 시에 혼선 방지

3) BCP의 구축 및 운영 방안

(1) BCP의 구축 절차

단계	주요내용	세부항목
1. 계획수립	비용효율적 전략수립	• 위험요소분석 • 사업영향분석(BIA) • 업무중요도 산정(Priority)
2. 구축	사업영향평가 및 업무 중요도에 따른 DR센터 유형선정 및 구축	• DR 센터 구축 • DR 시스템 테스트 • 복구절차서 작성
3. 운영	BCP의 지속적 시험, 검토, 유지보수	• 재해복구센터 운영 • 재해복구 훈련, 교육

(2) BCP 구축/운영의 CSF

성공요인	내용
시설의 적정성	• DR 센터의 유형결정 시 해당 기업의 업무특성 고려 • TCO 및 ROI 분석을 통한 효과적인 시설투자
백업의 중요성	• 원본데이터와의 정기적, 비정기적 정합성 체크 • 해당업무의 중요도에 따른 백업 주기와 방법 구분
정기적 복구훈련	• 가상 상황에 대한 시나리오 점검 • 복구에 소요된 시간 점검을 통한 계획 보완

4) DRP와의 차이점과 도입 시 고려사항

(1) BCP와 DRP의 차이점

구분	BCP (Business Continuity Planning)	DRP (Disaster Recovery Planning)
목적	BCP는 심각한 중단 상황에서 복구가 진행되는 동안 필수적인 사업을 유지하기 위한 절차 제공	정보시스템 인프라와 사업운영에 필수적인 정보자산의 복구를 촉진하기 위한 상세한 절차를 제공
범위	실제의 업무 프로세스와 업무 프로세스를 지원하기 위한 IT 영역에 집중	IT 중심적이고 장기간 효과를 지속하는 중대한 중단에 국한. 따라서 IT 서비스의 우선순위 선정이 중요
실행주체	각 Business Unit을 중심으로 수행	각 업무 부서와는 별도로 정보시스템 부서를 중심으로 수행
대상	업무는 물론 사람, 물리적 사무공간, 중요 문서 등을 포함하여 사전에 준비하기 어려운 수많은 항목이 대상	• 명확하게 범위를 설정 • 정보시스템(IT운영팀)을 중심으로 운영시설을 사업 단위 중심으로 수행

(2) BCP 도입 시 고려사항 및 성공에 대한 제언

- CEO의 적극적인 관심과 COO(Chief Operating Officer: 최고 운영임원)의 주도의 추진이 필요하며, 전사적인 사전에 교육과 목표를 명확히 하여 전사적인 참여가 필요함.
- 업무 영향 분석 대상의 선정에서 경영층의 중요 업무 프로세스의 초기 인식과 업무 프로세스 간의 통합 및 상호의존성 정도 분석이 중요함.
- 기존의 재해복구계획은 일회성 프로젝트로 진행되어 조직 내의 기술적, 업무적 상황 변화에 적절히 대응하지 못하는 한계를 가짐.
- 재해 복구는 단순한 기술적인 문제가 아닌 관리의 문제로 부각됨.
- 업무지속성 계획이 조직 내의 일상적인 관리행위의 하나로 인식되는 패러다임이 변화됨.

1. 회기(리그레션, Regression) 테스트

1) 확인 테스트

- 결함이 발견되고 수정된 후에 소프트웨어의 원래의 결함이 성공적으로 제거되었는지 확인하기 위해 수행하는 테스트(결함의 원인을 찾거나 결함을 수정하기 위한 디버깅(Debugging)은 개발활동이며 테스팅 활동으로 보지 않음.)

2) 리그레션(회기) 테스트의 개요

(1) 리그레션 테스트(Regression Test)의 정의

- 이미 테스트된 프로그램의 테스팅을 반복하는 것으로, 결함 수정 이후 변경의 결과로 새롭게 만들어지거나, 이전 결함으로 인해 발견되지 않았던 또 다른 결함을 발견하는 테스트

(2) 리그레션 테스트의 필요성

- 운영상의 일부 모듈의 변경에 따른 전체적인 정합성 테스트
- 기존의 수정된 버그가 변경에 의하여 다시 발생할 가능성 방지
- 기존 버그 수정을 위한 변경으로 인하여 예상하지 못한 버그 발생 방지

(3) 리그레션 테스트의 특징

- SW 구조의 복잡성: 상호 간 모듈의 의존성이 심화되어 결함조치를 통한 한쪽 모듈의 변화가 다른 모듈에게 변경 파급효과를 크게 함.
- 성능과 기능의 Trade-Off: 기능상의 결함을 단순 조치함으로써 현격한 성능저하 초래 우려
- 결함조치 확인: 기존 테스트에서 발견된 결함이 실제로 완벽하게 조치되었는지 확인 필요
- 정합성 테스트: 개별 모듈 간의 변경을 통한 정합성, 전역변수 및 공유 알고리즘

변경으로 인한 정합성

3) 리그레션 테스트의 비교 및 절차

(1) 결함 테스트와 특징 비교

구분	결함 테스트	리그레션 테스트
개념	테스트 케이스들의 실행을 통해 발견하지 못한 오류를 찾아내는 테스트	테스트된 프로그램을 변경 후에 변경 결과로 수정되지 않았거나 발견되지 않은 결점을 발견하기 위해서 반복
특징	• 모든 가능한 입력과 사용자의 행위를 위한 테스트 케이스를 생성하는 것은 불가능 • 문제를 최대한 찾아낼 수 있도록 테스트를 디자인	• 오류를 수정하는 행위가 새로운 오류를 발생시킬 수 있으며, 오류들의 수정 후에 결함 발견 • 스텝과 드라이버는 재사용 가능 • 테스트 케이스도 수정하여 사용 가능

(2) 리그레션 테스트의 수행 시기

- 기능 변경 시: 개별 단위 테스트를 수행한 후, 테스트 Repository에 관리되어 있는 이전 기능 테스트 시험 케이스를 통한 안정성 검증 실시
- 환경 수정 시: 다국어 지원, 지원 환경(OS, 플랫폼 등)의 변경 시 동일 기능 수행 여부에 대한 점검 실시(예: Windows Vista 환경 아래에서의 정합성 검증)

(3) 리그레션 테스트 절차

- Record & replay 테스트: CASE 툴을 이용하여 최초 테스트 상황 Recording 후, DataPool을 이용하여 테스트 데이터를 변경시키면서 반복적으로 테스트 → 테스팅 비용 절감
- 전략적 Test case 설계: 회귀테스트케이스 시나리오는 가변적임. 따라서 최초에 테스트케이스를 미리 예측·작성하는 것은 어려움. 테스트를 진행하면서 수행하는 결함조치 결과에 기반한 시나리오로 테스트케이스를 유동적으로 신규 작성하는 테스트 계획수립이 필요함.
- 주요 대상 선정: 응집도가 높은 모듈 내부보다는 모듈 간 결합도가 높은 부분에 집중해서 반복 수행

- 반복횟수 선정: 회귀테스트 반복횟수 지정 기준 마련(예: 기본적으로 해당 부분에 3회 이상 반복 수행하되, 결함발생률이 이전보다 10% 미만으로 떨어지면 회귀테스트를 완료한다.)

2. SPICE

1) SPICE의 개요

(1) SPICE(Software Process Improvement and Capability Determination)의 정의

- 여러 프로세스 개선모형을 국제표준으로 통합한 ISO의 소프트웨어 프로세스 모형
- SEI의 CMM, Bell의 TRILLIUM, Esprit의 BootStrap 등의 통합
- 소프트웨어 프로세스에 대한 개선 및 능력 측정 기준

(2) SPICE의 등장배경

- ISO9000-3이 SW 분야 특성 및 프로세스적인 면을 개선하지 못해 등장
- What만 있고, How가 없는 12207 단점 해결

(3) SPICE의 기본목표

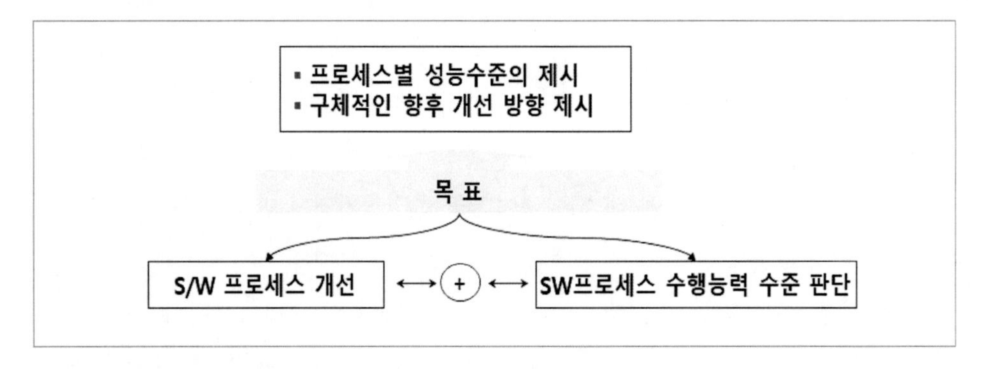

(4) SPICE의 2차원 평가모델

① 프로세스 차원(Process Dimension)

- 5개의 프로세스 카테고리와 40개의 세부 프로세스로 구성
- ISO 12207의 소프트웨어 생명주기 프로세스를 기반으로 함.

- 각 프로세스별로 목적을 달성하기 위한 기준이 제시됨.

② 프로세스 수행능력 차원(Process Capability Dimension)

- Organization Unit(OU: 수행조직 단위)이 특정 프로세스를 달성하거나 혹은 달성목표로 가능한 능력 수준
- 0~5까지 6개의 Capability Level로 구성됨.

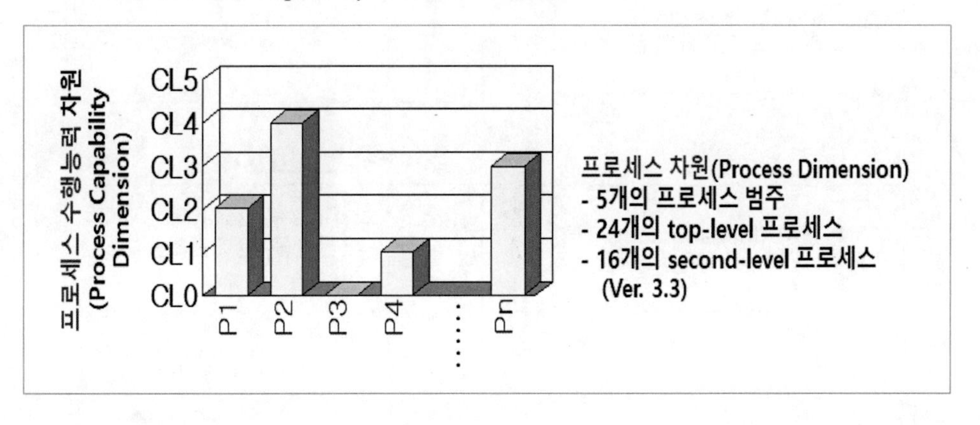

(5) SPICE의 2차원 평가모델

① 프로세스 수행능력 차원의 6단계

단계	레벨	설명
최적화 단계 Optimizing	5	프로세스의 지속적인 개선
예측 단계 Predictable	4	프로세스의 정량적 이해 및 통계
확립 단계 Established	3	표준 프로세스의 사용
관리 단계 Managed	2	프로세스 수행 계획 및 관리
수행 단계 Performed	1	프로세스의 수행 및 목적달성
불안정 단계 Incomplete	0	미구현 또는 목표 미달성

② 프로세스 차원의 5개 프로세스 범주

기초 프로세스	지원 프로세스
CUS 고객-공급자 (Customer-Supplier) 인수, 공급, 요구도출, 운영	SUP 지원 (Support) 문서화, 형상, 품질보증, 검증/확인, Review, 감사, 문제해결
ENG 공학 (Engineering) 시스템과 소프트웨어 개발/유지보수	
	조직 프로세스
MAN 관리 (Management) 프로젝트관리, 품질관리, 위험관리	ORG 조직 (Organization) 조직배치, 개선활동, 인력관리, 측정도구, 재사용

3. 소프트웨어 위기

1) 소프트웨어 위기의 이해

(1) 소프트웨어 위기(Software Crisis)의 개념

- 소프트웨어의 요구와 그 공급 간·능력 간의 차이가 갈수록 심화되어 발생하는 현상
- 품질, 비용, 납기를 만족시키지 못해 사용자로부터 외면당하는 현상
- H/W 비용은 계속 감소하여 왔지만 S/W 비용은 계속 증가 추세임.
- NATO 과학위원회(1968)에서 최초로 소프트웨어 위기 문제 인식
- 위기(Crisis)라기보다는 만성병(Chronic)이라 할 수 있음.

(2) 소프트웨어에 대한 잘못된 시각

① 관리자

- 소프트웨어 구축에 관한 표준들과 절차들을 서술한 책은 많다.
- 최고의 소프트웨어 개발도구와 컴퓨터를 가지고 있다.

- 일정에 뒤지면 더 많은 프로그래머를 투입하면 된다.

② 고객

- 목적을 기술해 놓은 문서만 있으면 프로그램을 작성할 수 있다.
- 프로젝트 요구사항이 계속 변경되더라도 쉽게 수용될 수 있다.

③ 실무자

- 프로그램은 작동만 하면 거기서 우리의 일이 끝나는 것이다.
- 프로그램을 실행시키기 전까지는 그 품질을 알아낼 방법이 없다.
- 프로젝트에서 나오는 것은 단지 수행 가능한 프로그램 뿐이다.

2) 소프트웨어 위기 발생원인

(1) 소프트웨어에 대한 특성 이해 부족이 가장 큰 원인

(2) 프로젝트 관리 및 개발 전문인력 부족

- 개발에만 치중, 관리 능력 부족 및 관리 자체의 부재

(3) 소프트웨어 규모의 대규모화(공룡화), 복잡화에 따른 개발비용 증대

(4) 하드웨어 비용에 대한 소프트웨어 가격 상승폭 증가

- 하드웨어와 소프트웨어 가격(1970년대 3:7, 1990년대 1:9)
- 개발 비용과 유지보수 비용(1970년대 4:6, 1990년대 3:8), 낮은 소프트웨어 품질

(5) 유지보수의 어려움과 개발적체 현상 발생

- 새로운 제품요구와 기존 제품의 유지보수 요구 폭주로 개발적체 발생
- 유지보수 비용이 전체 소프트웨어 비용의 2/3 차지

(6) 프로젝트 계획 및 소요예산 예측의 어려움

- 주먹구구식의 계획수립, 타 공학분야에 비해 축적된 경험 및 관련 자료, 노하우 부족

(7) 개발자의 신기술에 대한 교육 및 훈련의 부족

- 급격히 변화하는 소프트웨어 및 관리기술

3) 소프트웨어 위기 해결방안

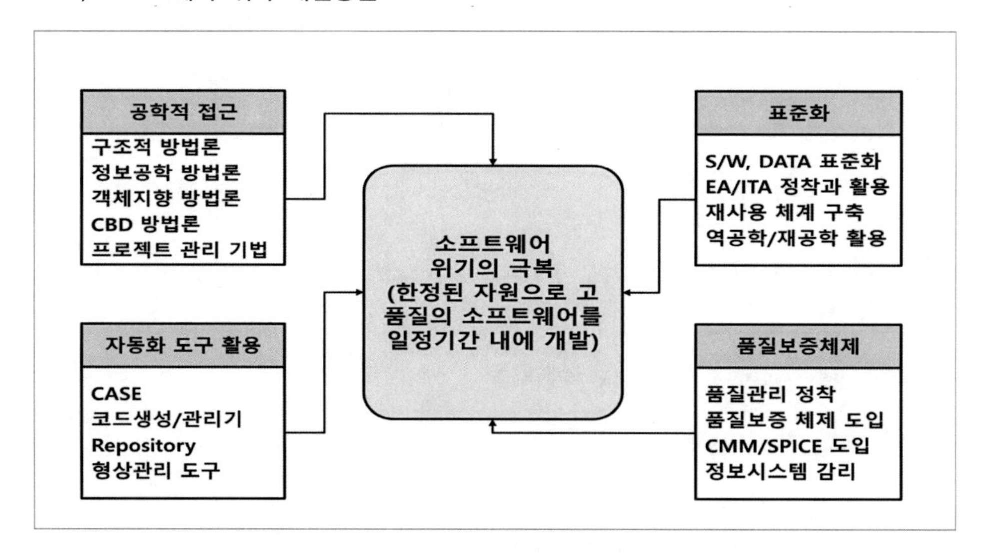

4. COCOMO(Constructive Cost Model)

1) COCOMO의 정의 및 특징

(1) COCOMO의 정의

- 시스템의 구성 모듈과 서브시스템의 비용합계를 계산하여 시스템의 비용을 산정하는 방식으로 현재까지 공표된 소프트웨어의 측정 중에서 가장 이해하기 쉬운 실험적 모델

(2) COCOMO의 특징

- 비용 예측: 예상된 시스템의 크기(SLOC-Source Lines of Code, DSI-Deliverd

Source Instruction)로부터 예측

- 의존성: 소프트웨어의 속성(Organic, Semi-Detached, Embedded)에 의존
- 유연성: 진행 예정된 프로젝트의 여러 특성(제품 특성, 컴퓨터 특성, 개발요원 특성, 프로젝트 성격에 영향)을 고려할 수 있도록 융통성 부여
- 이용성: 현재까지 공표된 소프트웨어의 측정 중에서 가장 이해하기 쉬운 실험적 모델

2) COCOMO 모델의 유형과 프로젝트 유형

(1) COCOMO 모델의 유형

구분	내용
Basic COCOMO	• S/W 개발 노력과 비용을 LOC 형태로 추정한 후 비용을 산정하는 고정단일값 모형 • Product 특성에 기반을 둔 기초적인 산정방식, LOC 기반
Intermediate COCOMO	• 기본유형 확장, 프로젝트 형태/개발환경/개발인력 요소에 따라 15개의 특성치 적용 방식 1) 제품속성(3개): S/W 신뢰도, DB 크기, 복잡도 2) H/W속성(4개): 응답시간, 실행시간 성능제약, 메모리제약, 서버환경의 휘발성 3) 인적속성(5개): 분석가능력, 응용경험, 언어구사경험, 엔지니어능력, 서버환경경험 4) 프로젝트속성(3개): 일정, 개발도구 사용, 방법론 응용 Product와 Process 속성을 사용하여 산정, LOC+가중치 기반
Detailed COCOMO	• 대형 시스템의 경우 서브시스템이 서로 상이한 특성을 갖고 있어 각 모듈별, 서브시스템별로 비용을 별도 산정하여 합산하는 방식을 적용 • 3계층 비용 산정이 가능(모듈레벨, 서브시스템레벨, 시스템레벨) • 개발단계별(생명주기)로 비용 산정방식을 달리할 수가 있음.

(2) COCOMO 모델의 프로젝트 적용 유형

구분	내용
유기적모드 프로젝트 (Organic mode)	• 비교적 엄격하지 않은 요구사항을 기반으로, 상대적으로 단순한 SW 프로젝트에 적용 가능 • Scientific, Business 등의 소프트웨어로서 50KDSI이하 크기
반결합모드 프로젝트 (Semidetached mode)	• 크기와 복잡성 면에서 중간 정도의 소프트웨어 프로젝트 • 컴파일러, 워드프로세서와 같은 개발지원 도구 개발용 프로젝트로 300KDS 이하의 크기
내장모드 프로젝트 (Embedded mode)	• 엄격한 제약조건 내에서 개발되어야 하는 소프트웨어 프로젝트 • OS, DBMS, 통신모니터와 같이 300KDSI이상의 대형 프로젝트로서 Transaction Processing System 등에 적용 가능

3) COCOMO와 기능점수 비교

구분	COCOMO	기능점수
정의	• Barry Boehm이 제창한 소프트웨어 견적 모델로서 프로그램 Line 수를 이용하는 가장 대표적인 모델 • 모형은 Boehm이 63개의 프로젝트 데이터를 3가지 유형으로 분류하여 소요공수 모델을 도출	• 애플리케이션이 제공하는 기능의 크기를 나타내는 수치 • 개발하려는 SW 기능의 총 규모(Size)*단위규모당 단가*보정요소
특징	• 구조적 코스트 모델이라는 의미를 갖고 있으며, 코스트 견적과 평가를 위한 모델 • 개발 규모를 알고 있는 경우에, 작업량이나 공기를 견적하는 데 유효한 방법 • 계산된 기본 소요공수를 프로젝트의 특성요소를 반영하여 보정	• 사용자 관점에서 기능을 측정 • "how"가 아닌 "what"의 문제: 기술과는 무관하게 측정 • 논리설계에 기초: 요구사항에 일치하는 애플리케이션 기능을 측정 • 모호성을 줄이기 위해 측정 단위를 아주 상세화 • 프로젝트 및 조직에 무관한 일관된 기준
장점	• 소프트웨어의 생산성 평가를 지향하고 있는 모델로서, 코스트 절감을 위한 평가를 다음 견적에 활용 • 개발규모를 알고 있는 경우의 견적방법이기 때문에, 개략 견적 시보다 상세 견적 시에 더욱 유효	• SW 개발 규모의 정량화 가능 • 국제표준의 채택으로 해외시장 진출 발판 마련 • 발주자와의 가격, 납기 교섭의 기초값으로 활용 가능 • 개발비, 개발기간, 소요공수, 견적/진척관리의 파라미터로의 사용으로 시험밀도의 분포 등을 분석 • 자산관리(포트폴리오 분석)에의 사용

4) 비용산정 시 고려사항

- 프로젝트 요소(문제복잡도, 시스템 크기, 시스템 신뢰도)
- 자원 요소(인적 자원, 하드웨어 자원, 소프트웨어 자원)
- 생산성 요소(개발자 능력, 개발방법론)

5. 재공학(Reengineering)

1) 재공학의 개요

(1) 재공학의 정리

- 기존 시스템을 널리 사용되는 프로그래밍 표준으로 변환하거나, 고수준 언어로 재구성 또는 타 하드웨어에서 사용할 수 있도록 변환하는 작업(유지보수 일부)

(2) 재공학의 목적

- 현재 시스템의 유지 보수 향상, 표준의 준수 및 CASE 사용 용이
- 시스템의 이해와 변형을 용이하게 하며, 유지 보수 비용 및 시간 절감

(3) 재공학이 필요한 경우

- 유지보수 비용이 많이 들고, 시스템 이해와 변경 및 테스트가 어려운 경우
- 시스템의 문제가 증가하고, 통합 작업에 잦은 장애가 발생할 경우

2) 재공학의 구성도 및 적용방법

(1) 재공학의 구성도

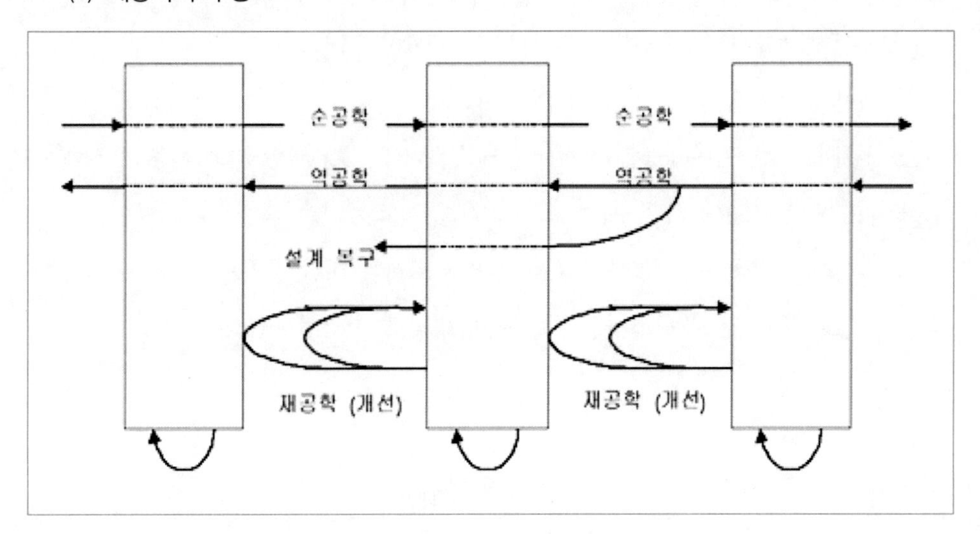

(2) 재공학의 적용 방법

① 재구조화 방법

- 시스템의 외부행위(기능+의미론적) 유지, 동일한 추상화 표현
- 상태를 다른 표현 형태로 변환하는 과정

② 재모듈화 방법

- 모듈구조 변화(시스템 구성요소의 클러스터 분석 등), 결합도와 관련됨.

③ 의미론적 정보추출 방법

- 코드 수준이 아닌 문서 수준의 설계 복구 방법임.

(3) 재공학 수행 단계

- 원시코드로부터의 정보 추출
- 역공학 단계 및 시스템의 향상과 검증
- 순공학 단계 및 설계와 최적화
- 새로운 코드 생성 및 적용

6. 객체지향(Object Oriented) 기법

1) 재사용성과 객체 표현 기법, 객체지향의 개요

(1) 객체지향(Object Oriented)의 정의

- 현실 세계의 개체(Entity)를 속성(Attribute)과 메소드(Method)가 결합된 형태의 객체(Object)로 표현하는 개념
- 현실 세계의 문제 영역에 대한 표현을 소프트웨어 해결 영역으로 Mapping하는 방법으로 객체 간의 메시지를 주고받는 형태로 시스템 구성

(2) 객체지향의 등장배경

구분	내용
개발측면	• 전통적인 개발방법론의 문제점 극복 - 저품질, 고위험 요소로 개발 생산성 저하 • 소프트웨어 위기를 해결하기 위한 필요성 증대 - 재사용성, 확장성 증대 필요
사용자측면	• 사용자들의 욕구 증대 - 컴퓨팅 환경에 대한 보다 많은 기능(Functionality), 단순성, 사용 편의성

2) 객체지향의 구성과 특징

(1) 객체지향의 기본 구성요소

구분	내용
클래스 (Class)	• 같은 종류(또는 문제 해결을 위한)의 집단에 속하는 속성(attribute)과 행위(behavior)를 정의한 것. • 객체지향 프로그램의 기본적인 사용자 정의 데이터형(user define data type) • 클래스는 프로그래머가 아니지만 해결해야 할 문제가 속하는 영역에 종사하는 사람이라면 사용할 수 있고, 다른 클래스 또는 외부 요소와 독립적으로 디자인되어야 함.
객체 (Object)	• 클래스의 인스턴스(실제로 메모리상에 할당된 것.) • 자신 고유의 데이터(attribute)를 가지며 클래스에서 정의한 행위(behavior)를 수행 • 객체의 행위는 클래스에 정의된 행위에 대한 정의를 공유함으로써 메모리를 경제적으로 사용함.
메소드 (Method), 메시지 (Message)	• 클래스로부터 생성된 객체를 사용하는 방법 • 객체에 명령을 내리는 메시지라 할 수 있음. • 객체 간의 통신은 메시지를 통해 이루어짐.

(2) 객체지향의 특징

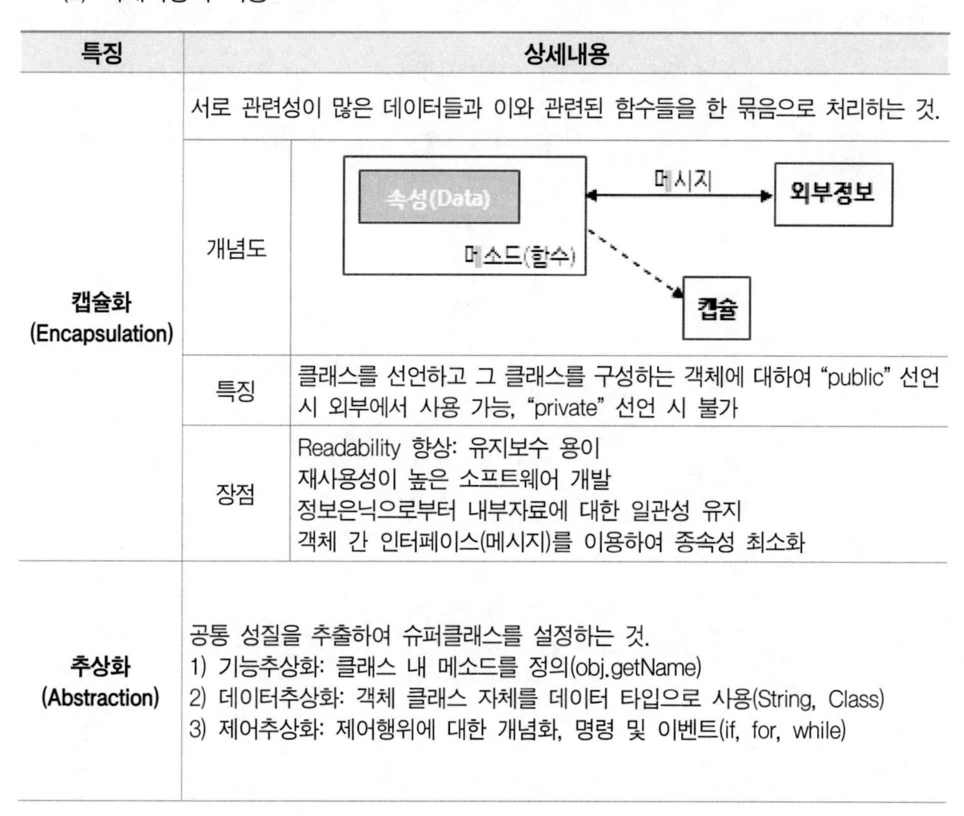

특징	상세내용	
캡슐화 (Encapsulation)	서로 관련성이 많은 데이터들과 이와 관련된 함수들을 한 묶음으로 처리하는 것.	
	개념도	(개념도)
	특징	클래스를 선언하고 그 클래스를 구성하는 객체에 대하여 "public" 선언 시 외부에서 사용 가능, "private" 선언 시 불가
	장점	Readability 향상: 유지보수 용이 재사용성이 높은 소프트웨어 개발 정보은닉으로부터 내부자료에 대한 일관성 유지 객체 간 인터페이스(메시지)를 이용하여 종속성 최소화
추상화 (Abstraction)	공통 성질을 추출하여 슈퍼클래스를 설정하는 것. 1) 기능추상화: 클래스 내 메소드를 정의(obj.getName) 2) 데이터추상화: 객체 클래스 자체를 데이터 타입으로 사용(String, Class) 3) 제어추상화: 제어행위에 대한 개념화, 명령 및 이벤트(if, for, while)	

특징	상세내용		
	개념도	객체화 아빠 민영아빠 수영아빠 추상화	
	특징	객체지향 언어에서는 클래스를 이용함으로써 데이터와 프로세스를 함께 추상화의 구조에 넣어 보다 완벽한 추상화 실현	
	장점	• 복잡한 프로그램을 간단하게 해줌. • 분석의 초점을 명확히 함. 안정된 모델 구현	
다형성 (Polymorphism)	• 하나의 인터페이스를 이용하여 서로 다른 구현 방법을 제공하는 것. • 하나의 클래스 내에 동일한 이름의 메소드가 존재하거나, 혹은 하위 클래스에서 상위클래스에 있는 같은 이름의 메소드를 다시 선언하여 사용하는 것.		
	종류	Overloading	메소드의 이름은 같으나 인자가 다른 경우
		Overriding	인자와 리턴타입 모두 같은 경우

(3) 객체지향의 특징 정보은닉과 상속성

구분	내용		
정보은닉 (Information Hiding)	클래스 내부에서 사용되는 변수(필드)들을 private나 protected 등으로 선언해 줌으로써, 자기 클래스, 혹은 자식 클래스 외에는 직접적으로 제어를 불가능하게 해주는 것.		
상속성 (Inheritance)	상위 클래스의 속성과 메소드를 하위 클래스에서 재정의 없이 물려받아 사용하는 것.		
	종류	단일	부모와 자식 클래스 간의 관계가 슈퍼 클래스와 서브 클래스로 유지
		다중	하나의 클래스가 하나 이상의 클래스로부터 상속받음.
		반복	같은 조부모 클래스로부터 상속받은 두 부모 클래스로부터 상속받는 것.

3) 정보공학, 객체지향, CBD 방법론의 비교

구분	정보공학	객체지향	CBD
주요 관점	데이터 중심	객체 중심	컴포넌트 중심
개발 모형	폭포수	점진적, 반복적	점진적, 반복적
장점	• 명확한 데이터 관점의 정규화 기법 • 산출물이 단계별로 명확함. • 대규모의 PJT에 유용	• 재사용성을 증대시킴. • 객체를 중심으로 개발하여 의사소통이 유리	• 컴포넌트의 조립으로 개발 생산성 향상 • Time To Market • 독자적인 컴포넌트 제품계열을 구성하여 기술축적 가능
단점	• 전체적인 아키텍처를 고려하지 못함.	• 대규모 PJT에 적용이 어려움. • 성숙한 객체 기술자 필요	• 조직에 따라 적용 가능한 컴포넌트 기술수준이 다름.

구분	정보공학	객체지향	CBD
	• 웹 환경 적용이 어려움. • 분산환경이나 컴포넌트 실행환경을 지원하지 못함.	• 생산성 향상이 플랫폼과 기반 아키텍처에 제약적임.	• 업종별 특성을 지닌 컴포넌트 부족
제품	Method I	RUP, 마르미 II	RUP, 마르미 III

4) 객체지향의 향후 전망

(1) 페러다임의 변화로 시장 주도

- 인간적인 사고와 유사한 개발 접근으로 객체지향의 사용은 이미 확산

(2) CBD의 부상으로 개발 개념이 구매 및 조립 개념으로 변화

- 개발의 개념이 아니라 기업이 원하는 컴포넌트를 구매하여 조립하는 개념으로 개발 방업이 변화

(3) 분산 개방형 컴퓨터 환경에서 최적의 솔루션

- 분산 환경에 적합한 방법으로 향후 웹서비스를 개발하는 기본 모델로서 사용
- 객체지향기법의 단점을 보완한 AOP 출현

7. Agile 개발방법론

1) 요구사항의 지속적인 변화와 단순 설계의 시작 기법, Agile 방법론의 정의

(1) Agile 방법론의 정의

- 절차보다는 사람이 중심이 되어 변화에 유연하고 신속하게 적응하면서 효율적으로 시스템을 개발할 수 있는 방법론
- 개발과정에서의 시스템의 변경사항을 유연하게 또는 기민하게 대응할 수 있는 방법론

(2) Agile 방법론의 등장배경

① SW 개발 환경의 변화

- 정보시스템의 'time-to-market'과 '적시배포(Release)가 중요해짐.
- 사용자의 요구가 다양해지고 수명주기가 짧아짐.

② 기존 방법론의 한계

- 문서 및 절차 위주의 방법론은 변화에의 신속한 적응이 어려움.
- 변화에 빠르게 적용하고 효율적으로 개발할 수 있는 방법론이 필요

2) Agile 방법론의 특징 및 종류

(1) Agile 방법론의 특징

특징	설명
가변적 요구 대응	Predictive 하기보다는 Adaptive
고객만족	• 개발 후반부라도 요구사항의 변화를 적극 반영 • 구동하는 SW를 고객에게 자주 전달하여 고객의 요구사항 신속 적용
개발자 동기부여	• 개발자에게 적합한 개발환경 구성 • 개발자가 책임을 완수할 것으로 신뢰
PM의 역할변화	• 프로젝트 관리자에서 촉진자로 변경 • 프로젝트 계획수립 및 통제의 책임이 팀원에게 이양
Sweet Spots	• 한 작업실에 5~8명의 작업자 • Key User 상주: 개발자와 사용자 간의 중계역할, 신속한 피드백 가능
적용 범위	중소형, 아키텍처 설계, 프로토타이핑에 적합

(2) Agile 방법론의 종류

종류	특징	비고
XP	• 의사소통 개선, 즉각적인 피드백에 의해 단순하게 코딩하여 SW 품질을 높이기 위한 방법론. • 1~3주 iteration • 4가치(용기, 단순성, 의사소통, 피드백) • 12개 실천항목	가장 주목 받음. 개발 관점
SCRUM	• 스프린트(30일 단위 iteration)로 분리 팀은 매일 스크럼(15분 정도) 미팅으로 계획수립 • 팀 구성원이 어떻게 활동해야 하는가에 초점 • 통합 및 인수 테스트가 상세하지 않음.	Iteration계획과 Tracking에 중점
RUP	• 완전한 SW 개발 모델 제시	RUP에서 Agility

종류	특징	비고
	• Visual 모델링 도구 지원	성격을 특히 강조
Crystal	• 프로젝트 상황에 따라 알맞은 방법론을 적용할 수 있도록 다양한 방법론 제시 • Tailoring하는 원칙 제공	프로젝트 중요도와 크기에 따른 메소드 선택 방법 제시

3) Agile 방법론과 전통적 개발방법론 비교

항목	Agile 개발방법론	전통적 개발방법론
계획수립의 상세 수준	바로 다음 반복주기(Iteration)에 대해서만 상세한 계획수립	다음에 이어지는 단계에 이르기까지의 상세한 계획수립
요구사항의 베이스라인	요구사항에 대한 베이스라인 설정을 강조하지 않음.	초기 요구사항에 대한 Baseline을 설정
아키텍처 정의 방법	실제 개발된 기능 구현을 통하여 빠른 시간 내에 아키텍처의 실현 가능성을 증명해 보이고자 함.	모델과 사양을 보다 상세화하는 과정을 통해 애플리케이션과 데이터 아키텍처를 초기에 정의하고자 함.
테스트 방법	잦은 "개발-테스트" 주기를 통하여 많은 시간과 비용이 들어가기 전에 기능을 검증함.	특정 기능이 구현되고 나서야 단위-통합-시스템으로 확장해 나가는 방식을 취함.
표준 프로세스 적용	정의되고 반복적으로 수행되는 프로세스를 강조하지 않는 대신에 잦은 Inspection을 토대로 프로세스를 개발에 유연하게 적용하는 것을 강조함.	개발에 들어가기 전에 표준화된 프로세스를 제정하는 것을 중요하게 여김.

4) Agile 방법론의 적용분야 및 평가

(1) Agile 방법론의 적용분야

- 소규모나 타임박스화된 서브 프로젝트나 반복주기(Iteration)에 적합(3~12주)
- 사용자나 개발자가 정확한 요구사항 도출이 힘들 때 적합
- 대규모의 프로젝트보다는 기업 내 단위시스템에 적합
- 프로토타이핑, 속성개발(RAD)을 할 수 있는 프로젝트에 적합
- 소프트웨어 품질 수준이 낮고, 산출물의 범위 변경이 불가능한 경우, Agile 방법론을 활용하기 힘듦.

(2) Agile 방법론의 평가

구분	내용
부정적 측면	• 방법론 그 자체로서 적용하기에는 프로세스 정립 부족 • 대형 프로젝트에 적용하기에 적합하지 않음. • 감리에 대한 대응이 어려움. • 관리 방법에 대한 가이드라인 부족 • 해당 프로세스를 적용하기 위해 갖추어야 할 제약조건이 실제 중요하면서도, 어려운 부문임.
긍정적 측면	• 방법론 그 자체로서가 아니라, 일부 기업 또는 사상을 선택하여 쓰기에 매우 좋음. • 중·소형 프로젝트에 적용하기 적합하며, 대형 프로젝트라 할지라도 특정 테스크에 대해 채택하는 것이 바람직한 영역이 있음. • 아키텍처설계 및 프로토타이핑 수립과 같은 테스크 수행 시 적합

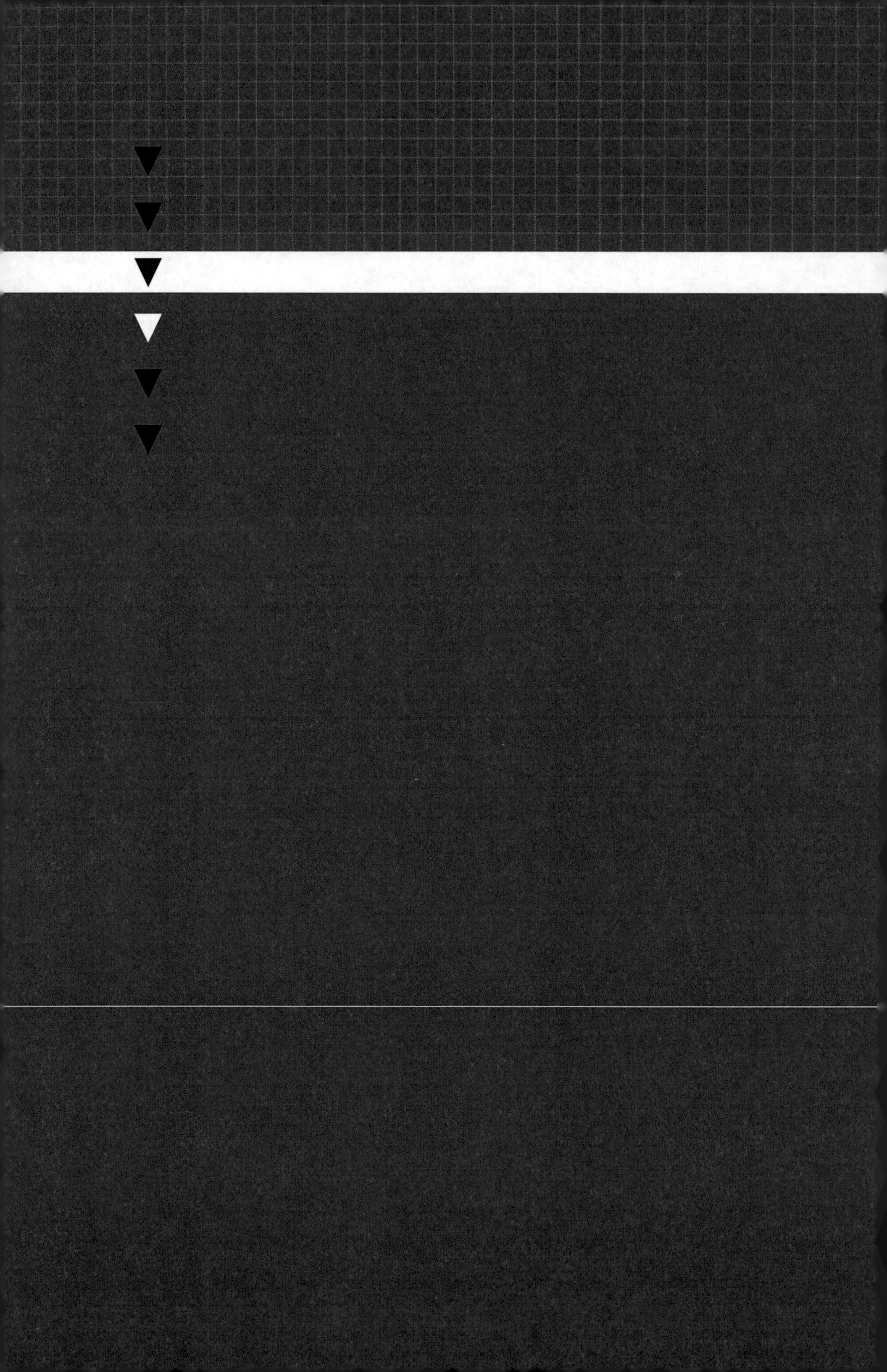

CHAPTER 04

기출문제 (최근 7개년)

CHAPTER
04

기출문제(최근 7개년)

이제 기존에 출제되었던 기출문제를 알아볼 시간이다.

이전에는 기출문제를 제공하지 않았으나 이제는 큐넷(Q-Net) 사이트에서 기출문제를 제공하고 있다.

최근 7년간 출제되었던 문제를 보면서 어떤 지식을 알아야 하는지, 어떤 문제가 출제되었는지 어떻게 답안을 작성하면 좋을지 스스로 고민해보면 좋다.

• 기출 •

제2020년 제35회 기술지도사(정보처리) 2차

▶▶ 정보통신개론 ◀◀

문제 1

가상사설망(VPN: Virtual Private Network)은 기존 사설 네트워크의 서비스를 그대로 제공하면서 네트워크 하부구조를 개선하는 기술이다. 다음 물음에 답하시오. (30점)

(1) VPN의 정의를 쓰시오. (10점)

(2) VPN의 기능 4가지를 쓰시오. (8점)

(3) VPN의 구현 기술에 관하여 설명하시오. (12점)

문제 2

데이터 전송방법에 관하여 다음 물음에 답하시오. (30점)

(1) 전송제어의 정의를 쓰시오. (10점)

(2) 전송제어 절차 5단계를 쓰시오. (10점)

(3) 흐름제어 방식 중 슬라이딩 윈도우 방식을 설명하시오. (10점)

문제 3

통신 프로토콜에 관하여 다음 물음에 답하시오. (10점)

(1) 통신 프로토콜의 기능에 관하여 설명하시오. (4점)

(2) 통신 프로토콜 구성요소 3가지를 설명하시오. (6점)

문제 4

단순 망 관리 프로토콜(SNMP)과 관련하여 다음 문장의 빈칸을 채우시오.

(단, ①, ⑦, ⑧은 영문 full name을 기재할 것) (10점)

(1) SNMP(①)은 (②)프로토콜을 사용하는 (③)에서 (④)들을 관리하기 위한 기본 구조이며, 인터넷을 (⑤)하고 (⑥)하기 위한 기본 동작을 수행한다.

(2) SNMP는 관리 작업을 수행하기 위해 다른 두 가지 프로토콜, 즉 SMI(⑦)와 MIB(⑧)를 사용한다.

(3) SNMP는 (⑨)와 (⑩)사이에 교환되는 패킷의 형식을 정의한다.

문제 5

TCP/IP 프로토콜의 각 계층에 사용되는 통신 단위에 관하여 빈칸을 채우시오. (10점)

(1) 물리 계층의 통신 단위는 (　　)이다. (1점)

(2) 데이터링크 계층의 통신 단위는 (　　)이다. (2점)

(3) 네트워크 계층의 통신 단위는 (　　)이다. (2점)

(4) 전송 계층의 통신 단위는 이 계층에서 사용되는 특정 프로토콜에 따라 (　　), (　　), (　　)이다. (3점)

(5) 응용 계층의 통신 단위는 (　　)이다. (2점)

문제 6

이더넷 프레임은 아래와 같이 7개의 필드로 구성되어 있다. 이더넷 프레임 형식에서 ①~⑤에 들어갈 내용을 쓰고, 각각을 설명하시오. (10점)

①	②	DA	SA	③	④	⑤

▶▶ 시스템응용 ◀◀

문제 1

페이징 기법의 가상기억장치에서 페이지 부재(page fault)에 관하여 다음 물음에 답하시오. (30점)

(1) 페이지 부재 발생 시 빈 프레임이 없는 경우의 처리 과정을 설명하시오. (5점)

(2) 프로세스가 4개 프레임을 사용하고, 기억장치 참조열(memory reference string)이 다음과 같다. LRU(Least Recently Used) 페이지 교체 알고리즘을 사용할 때 페이지 부재가 발생한 페이지의 번호를 순서대로 나열하시오. (5점)

기억장치 참조열: 0, 4, 1, 4, 2, 1, 3, 1, 2, 0, 1, 3, 5, 3

(3) LRU 근사 알고리즘인 2차 기회 알고리즘의 개념과 교체 페이지 선택 방법을 설명하시오. (10점)

(4) 페이지 크기는 주기억장치 사용량에도 영향을 준다. 페이지 크기가 커지는 경우 기억공간 사용량에 미치는 영향을 페이지 사상표(테이블)와 내부 단편화의 측면에서 각각 기술하시오. (10점)

문제 2

5개의 트랜잭션 T1, T2, T3, T4, T5가 실행되는 중 시스템에 장애가 발생하였다. 다음 그림은 로그 파일의 로그 레코드를 시간에 따라 나타낸 것이고, S와 C는 각각 시작과 완료(commit)를 나타낸 것이다. 회복기법은 검사점(checkpoint)과 즉시 갱신(immediate update)을 사용하고, 복구 연산에는 REDO와 UNDO가 있다. 다음 물음에 답하시오. (30점)

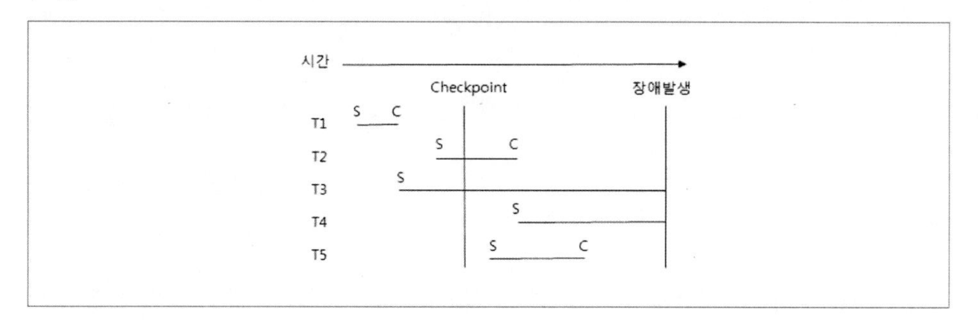

(1) REDO와 UNDO 연산을 수행하는 트랜잭션들을 각각 나열하시오. 그리고 그에 대한 판단 방법을 설명하시오. (10점)

(2) 트랜잭션을 회복되는 순서대로 나열하고, 회복 처리 과정을 설명하시오. (10점)

(3) 트랜잭션 수행 시에 동시성 제어를 하지 않는 경우 발생될 수 있는 문제점 3가지에 관하여 설명하시오. (10점)

문제 3

시스템에 5개의 프로세스와 3가지 자원 유형이 존재하며, 시스템의 현재 상태가 다음과 같다. 교착상태(deadlock) 탐지에 관하여 다음 물음에 답하시오. (10점)

	할당량(Allocation)			요구량(Request)			잔여량(Available)		
	A	B	C	A	B	C	A	B	C
P1	0	1	0	0	0	0	0	0	1
P2	2	0	0	0	0	2			
P3	0	0	1	0	0	0			
P4	2	1	1	3	1	0			
P5	3	0	2	1	0	2			

(1) 현재 상태가 교착상태인지를 판단하고 그 근거를 설명하시오. (5점)

(2) P2 종료 직후에 P4가 자원 C를 1개 요청하여 추가로 할당한 경우 교착상태 발생 유무를 판단하시오. 만일 교착상태가 발생하였다면 교착상태인 프로세스를 나열하고, 그 판단근거를 기술하시오. 그리고 교착상태가 발생하지 않았다면 그 판단 근거를 기술하시오. (5점)

문제 4

임계영역 문제(critical-section problem)에 관하여 다음 물음에 답하시오. (10점)

(1) 임계영역 문제의 해결을 위한 조건 3가지를 설명하시오. (5점)

(2) 다음은 임계영역을 접근하는 프로세스인 P1과 P2의 구조를 가상 코드로 나타낸 것이다. 다음 구조가 두 개 프로세스에 대한 임계영역 문제를 해결할 수 있는지를 판단하고 그 근거를 기술하시오. (단, 코드에서 turn은 P1과 P2가 공유하는 변수이며, 초깃값은 i 또는 j가 될 수 있다.) (5점)

프로세스 P1의 구조	프로세스 P2의 구조

do {
  while (turn != i) ;
    critical section
  turn = j ;
    remainder section
} while (1) ;
	do {
	  while (turn != j) ;
	    critical section
	  turn = i ;
	    remainder section
	} while (1) ;

문제 5

다음은 관계형 릴레이션 R의 스키마와 스키마에 포함된 함수 종속 집합이다. 정규화에 관하여 다음 물음에 답하시오. (10점)

- 릴레이션: R(A, B, C, D, E, F)
- 함수 종속 집합: {A→B, A→C, B→C, C→F, AD→E, E→D}
- 기본키: (A, D)

(1) 비정규 릴레이션은 1NF, 2NF, 3NF, BCNF의 상위 정규형으로 분해하여 나타낼 수 있다. 예를 들면, 비정규 릴레이션에서 원자값이 아닌 도메인을 분해하는 작업을 통해 1NF를 만들 수 있다. 1NF에서 3가지 상위 정규형으로 분해하는 각 과정에서 처리하는 작업 내용이 무엇인지 순서대로 쓰시오. (5점)

(2) 릴레이션 R을 최상위 정규형으로 분해한 후 스키마로 나타내시오. (단, 분해된 릴레이션의 이름은 R1, R2, … 형태로 하며, 스키마에서 주키(기본키)는 밑줄('_')로 표시하여 구분한다.) (5점)

문제 6

다음은 킥보드 동아리의 회원 관리를 위한 〈회원〉과 〈대여〉 릴레이션이다. 한 회원에 대한 대여횟수는 기기별로 누적되어 관리된다고 가정하고 다음 물음에 답하시오.

(10점)

〈회원〉

회원번호	이름	면허	레벨
19-1	이수민	1종	중
19-2	황석영	2종	상
19-3	권보라	1종	상
20-1	이정미	1종	하
20-1	박지민	2종	하

〈대여〉

회원번호	기기번호	대여횟수
19-1	K102	7
19-1	K103	6
19-2	K101	9
19-2	K103	5
19-3	K103	4
20-1	K102	10
20-2	K101	5
20-1	K103	11

(1) 자연조인(natural join)을 포함한 조인 질의문으로 아래 〈자격증〉 릴레이션을 검색하는 SQL문을 작성하시오. (5점)

〈자격증〉

이름	면허	레벨
이수민	1종	중
박지민	2종	하

(2) 문항 (1)에서 작성한 SQL문을 관계 대수식으로 나타내시오. (5점)

▶▶ 소프트웨어공학 ◀◀

문제 1

최근 임베디드 소프트웨어가 다양한 분야에서 활용되는 가운데 소프트웨어 안전(Safety)의 이슈가 커지고 있다. 소프트웨어 안전에 관하여 다음 물음에 답하시오. (30점)

(1) 소프트웨어 복잡도(Complexity)의 정의와 필요한 이유를 설명하시오. (10점)

(2) 소프트웨어 응집도(Cohesion)의 정의와 필요한 이유를 설명하시오. (10점)

(3) 소프트웨어 결합도(Coupling)의 정의와 필요한 이유를 설명하시오. (10점)

문제 2

소프트웨어 테스팅(Testing)에 관하여 다음 물음에 답하시오. (30점)

(1) 블랙박스 테스팅(Black-box Testing)의 정의를 설명하시오. (5점)

(2) 화이트박스 테스팅(White-box Testing)의 정의를 설명하시오. (5점)

(3) 블랙박스 테스팅과 화이트박스 테스팅을 비교하여 설명하시오. (8점)

구분	블랙박스 테스팅	화이트박스 테스팅
관점		
점검 대상		

(4) 동등 분할 기법에 관하여 설명하시오. (6점)

(5) 경계값 분석 기법에 관하여 설명하시오. (6점)

문제 3

소프트웨어 개발 과정에서 사용하는 기법에 관하여 다음 물음에 답하시오. (10점)

(1) PERT와 CPM의 장점과 단점을 비교하여 설명하시오. (4점)

(2) Function Point에 관하여 설명하시오. (6점)

문제 4

소프트웨어 유지보수에 관하여 다음 물음에 답하시오. (10점)

(1) 역공학(Reverse Engineering)의 정의를 설명하시오. (5점)

(2) 재공학(Re-Engineering)의 정의를 설명하시오. (5점)

문제 5

소프트웨어 개발 프로세스를 평가하는 표준에 관하여 다음 물음에 답하시오. (10점)

(1) CMM/CMMi의 정의를 쓰고, 성숙도 레벨에 관하여 설명하시오. (5점)

(2) SPICE의 정의를 쓰고, 성숙도 레벨에 관하여 설명하시오. (5점)

문제 6

소프트웨어 개발방법론 중 객체지향 개발방법론에 관하여 다음 물음에 답하시오. (10점)

(1) 추상화(Abstraction)에 관하여 설명하시오. (5점)

(2) 객체 상속(Inheritance)에 관하여 설명하시오. (5점)

• 기출 •

제2019년 제34회 기술지도사(정보처리분야) 2차

▶▶ 정보통신개론 ◀◀

문제 1

IP 주소에 관한 다음 물음에 답하시오. (30점)

(1) IPv4 주소 체계는 클래스 A~E까지 다섯 종류로 나누어진다. 각 클래스를 구분하는 방법을 설명하고, IP 주소 200.200.200.200은 어떤 클래스에 속하는지 그 구분 방법에 따라 설명하시오. (10점)

(2) 클래스 C에서 최대 15개의 호스트를 연결하는 서브넷으로 나눌 경우, 이를 가능하게 하는 서브넷 마스크 값을 255.x.x.x 양식으로 표시하고 그 이유를 설명하시오. (10점)

(3) IPv6는 IPv4의 주소 체계를 개선한 차세대 인터넷 프로토콜이다. IPv4의 헤더에 포함되는 〈헤더길이〉 항목이 IPv6에서는 어떻게 개선되었으며, 그것이 갖는 효과를 설명하시오. (10점)

문제 2

TCP/IP 네트워크 주소는 서로 다른 다수의 망에서 통신하기 위한 프로토콜의 집합으로서, 5개의 계층으로 이루어져 있다. 다음 물음에 답하시오. (30점)

(1) OSI 7계층에 대응되는 TCP/IP 모델을 비교하는 ①~④의 계층을 쓰고, 각 계층의 역할에 관하여 간단히 설명하시오. (12점)

TCP/IP 계층	OSI 7계층
①	Application
	Presentation
②	Session
	Transport
③	Network
④	Data Link
Physical	Physical

(2) TCP/IP에서 위 ② 계층에서 사용되는 대표적인 2개의 프로토콜에 관하여 비교 설명하시오. (12점)

(3) 대표적인 인터넷 응용 서비스로 웹과 이메일 서비스가 있다. 각 응용 서비스에 사용되는 TCP/IP 최상위 계층의 기본적인 프로토콜 약자(①, ②), full name(③, ④), 그리고 기본 port 번호(⑤, ⑥)을 쓰시오. (6점)

구분	기본 프로토콜 약자	프로토콜 full name	기본 port 번호
웹 서비스	①	③	⑤
이메일 서비스	②	④	⑥

문제 3

디지털 셀룰러 전화망에서의 이동통신 동작 원리를 살펴보기로 한다. 이동통신은 관할 등록지역(RA: Registration Area)을 셀로 나누어 무선 채널을 효율적으로 활용한다. 그리고 하나 이상의 셀에 각 기지국을 두고 각 기지국을 하나의 이동통신교환기(MSC, Mobile Switching Center)와 연결하여 운영보존국(OMC, Operation and Maintenance Center)에서 중앙 관리한다. 다음 물음에 답하시오. (10점)

(1) 이동통신의 구성 요소인 VLR과 HLR에 대해 각각 설명하시오. (4점)

(2) 셀에서의 섹터(sector)에 대해 설명하고, 섹터의 대표 효과에 대해 기술하시오. (2점)

(3) 핸드 오프(또는 핸드 오버)를 설명하고, 그 종류 중 soft 핸드 오프와 hard 핸드 오프에 대해 각각 설명하시오. (4점)

문제 4

정보를 전송하기 위해 신호를 변조하는 4가지 방식 중 베이스밴드와 펄스 부호 변조(PCM)에 대한 다음 물음에 답하시오. (10점)

(1) 베이스밴드와 펄스 부호 변조(PCM)를 디지털과 아날로그 측면에서의 전송형태와 정보의 신호변환 방식으로 비교하여 아래 ①~④를 쓰시오. (4점)

변조방식 구분	전송형태	신호변환 방식
베이스밴드	①	②
펄스 부호 변조(PCM)	③	④

(2) 펄스 부호 변조(PCM)의 3단계에 관해 설명하시오. (6점)

문제 5

클라우드(Cloud)에 관하여 다음 물음에 답하시오. (10점)

(1) 클라우드 컴퓨팅 유형인 SaaS, PaaS, IaaS에 대해 각각 설명하시오. (3점)

(2) 대표적인 클라우드 서비스는 Azure, AWS, Gamil이 있다. 각 서비스별로 제공회사와 해당되는 클라우드 컴퓨팅 유형을 쓰시오. (3점)

클라우드 서비스	제공회사 및 클라우드 컴퓨팅 유형
Azure	①
AWS	②
Gmail	③

(3) 클라우드 서비스는 기업의 사용 목적에 따라서 크게 2가지로 나눌 수 있다. 그 2가지 종류에 대해 기술하시오. (4점)

문제 6

데이터를 전송하는 방법은 통신회선(전송회선)을 이용하는 방식에 따라 3가지 방식으로 나눈다. 각 방식의 명칭, 통신회선 이용 방식, 그리고 대표적인 사용 단말 1개를 기술하시오. (10점)

▶▶ 시스템응용 ◀◀

문제 1

페이징 기법의 가상기억장치에서 페이지 부재(page fault)에 관하여 다음 물음에 답하시오. (30점)

문제 2

A업체는 운영체제에 내재된 결함으로 발생할 수 있는 각종 해킹 등 보안 위협에 대비하여 보안기능을 통합하고 보안 커널이 추가된 보안운영체제를 운영하려고 한다. 보안운영체제의 기능 중 다음 물음에 답하시오. (30점)

(1) '강제적인 액세스 제어'(mandatory access control)에 관하여 설명하시오. (10점)

(2) '감사 로그 추적'(audit log & trail)에 관하여 설명하시오. (10점)

(3) '참조 모니터'(reference monitor)에 관하여 설명하시오. (10점)

문제 3

분산 운영체제(DOS: Distributed Operating System)에서 자원할당 교착상태인 경우 3가지의 방법(중앙집중형 제어, 계층형 제어, 분산형 제어)으로 시스템을 제어하여 교착상태를 탐지할 수 있다. 다음 물음에 답하시오. (30점)

(1) 중앙집중형 제어의 장·단점 각각 1가지만 쓰시오. (10점)

(2) 계층형 제어에 관하여 설명하시오. (10점)

(3) 분산형 제어의 장·단점 각각 1가지만 쓰시오. (10점)

문제 4

데이터베이스 관리 시스템은 데이터베이스의 보안을 유지하기 위하여 로그인 사용자에 대한 데이터베이스 접근과 관련된 접근제어(access control) 기능을 기본으로 제공하며, SQL문을 이용하여 데이터베이스 객체에 사용 권한을 부여하거나 취소할 수 있다. 다음 물음에 답하시오. (10점)

(1) 사용자 LEE가 소유한 GUEST 릴레이션을 구성하는 속성 중 LELVEL과 POINT 속성에 대한 수정 권한을 WITH GRANT OPTION을 포함하여 사용자 KIM에게 권한을 부여할 수 있도록 SQL문을 작성하시오. (5점)

(2) 사용자 SONG이 소유한 DEPARTMENT 릴레이션에 대하여 PARK에게 허가한 SELECT, DELETE 권한을 취소하는 SQL문을 작성하시오. (5점)

문제 5

A기업의 전산팀장은 대표이사로부터 '단일 사용자 환경인 과거 운영체제에서 네트워크 기능을 추가한 네트워크 운영체제(NOS: Network Operating System)와 사용자가 시스템에 연결된 모든 컴퓨터의 원격 자원을 지역 자원으로 공유하는 분산 운영체제로 전환 후 운영할 예정이므로 우리 회사에 가장 적합한 자원운영 방법에 대하여 기안문을 작성하여 보고하시오'라는 지시를 받았다. 전산팀장은 초기투자비용, 신규관리자비용, 관리방법 등을 고려하여 자원운영 방법 중 Peer-to-Peer 모델과 Client-Server 모델의 장·단점을 분석하여 최종 Client-Server 모델로 결정하여 보고를 하였다.

(1) Client-Server 모델의 장점 1가지만 쓰시오. (5점)

(2) Peer-to-Peer 모델의 단점 1가지만 쓰시오. (5점)

문제 6

A마트는 제품관리를 위하여 제품 릴레이션을 분산 데이터베이스 시스템을 운영하고 있다. 분산 데이터베이스 시스템에서는 단편화(fragmentation)를 수행하여 관리할 데이터 수를 줄이고 데이터 중복의 단점을 극복할 수 있다. 또한, 전체 릴레이션의 일부를 저장함으로 공간을 절약할 수 있다. 릴레이션을 단편화하는 방법에는 수평적 단편화, 수직적 단편화, 혼합 단편화가 있다. 이때, 분산 데이터베이스 시스템에 적용하기 위하여 아래의 제품 릴레이션을 수평적 단편화로 작성하시오. (10점)

〈제품 릴레이션〉

제품번호	제품명	재고량(개)	단가(원)	제조업체
1001	들깨라면	300	1,500	구포식품
1002	카레라면	400	2,000	금곡식품

문제 7

A기업에서는 운영체제의 암호화(encryption) 시스템 중 대칭키 암호화 알고리즘은 DES(Data Encryption Standard)를 개선한 AES(Advanced Encryption Standard) 암호화 알고리즘을 사용 중이다. AES는 아래 그림과 같은 구조로 간략화할 수 있다. 다음 물음에 답하시오. (10점)

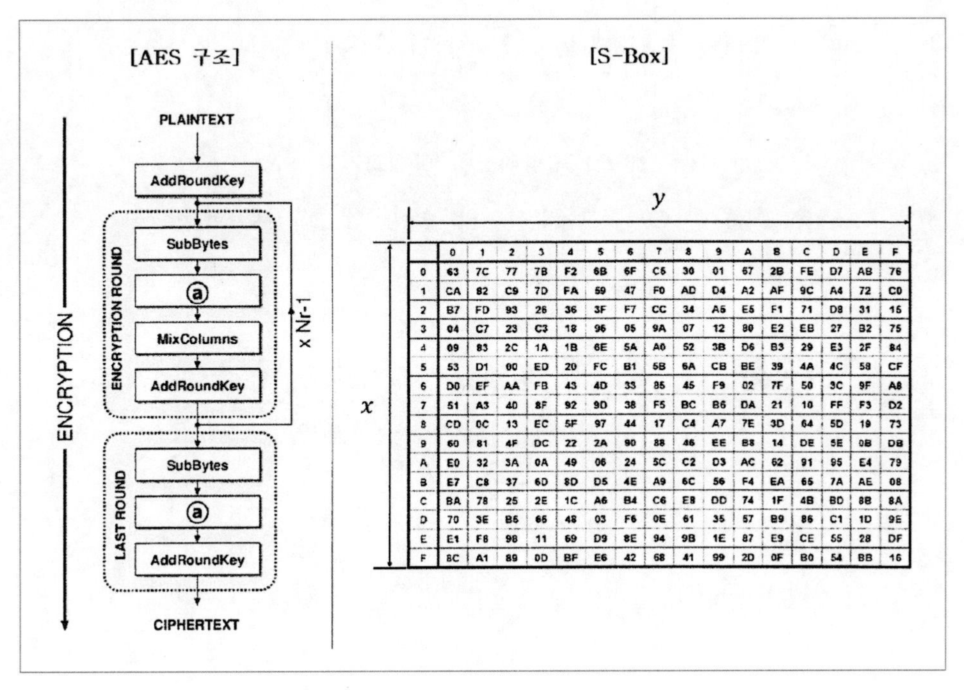

	0	1	2	3	4	5	6	7	8	9	A	B	C	D	E	F
0	63	7C	77	7B	F2	6B	6F	C5	30	01	67	2B	FE	D7	AB	76
1	CA	82	C9	7D	FA	59	47	F0	AD	D4	A2	AF	9C	A4	72	C0
2	B7	FD	93	26	36	3F	F7	CC	34	A5	E5	F1	71	D8	31	15
3	04	C7	23	C3	18	96	05	9A	07	12	80	E2	EB	27	B2	75
4	09	83	2C	1A	1B	6E	5A	A0	52	3B	D6	B3	29	E3	2F	84
5	53	D1	00	ED	20	FC	B1	5B	6A	CB	BE	39	4A	4C	58	CF
6	D0	EF	AA	FB	43	4D	33	85	45	F9	02	7F	50	3C	9F	A8
7	51	A3	40	8F	92	9D	38	F5	BC	B6	DA	21	10	FF	F3	D2
8	CD	0C	13	EC	5F	97	44	17	C4	A7	7E	3D	64	5D	19	73
9	60	81	4F	DC	22	2A	90	88	46	EE	B8	14	DE	5E	0B	DB
A	E0	32	3A	0A	49	06	24	5C	C2	D3	AC	62	91	95	E4	79
B	E7	C8	37	6D	8D	D5	4E	A9	6C	56	F4	EA	65	7A	AE	08
C	BA	78	25	2E	1C	A6	B4	C6	E8	DD	74	1F	4B	BD	8B	8A
D	70	3E	B5	66	48	03	F6	0E	61	35	57	B9	86	C1	1D	9E
E	E1	F8	98	11	69	D9	8E	94	9B	1E	87	E9	CE	55	28	DF
F	8C	A1	89	0D	BF	E6	42	68	41	99	2D	0F	B0	54	BB	16

(1) ⓐ 단계의 알고리즘 이름을 쓰시오. (5점)

(2) SubBytes 알고리즘에 의하여 '0x7A'가 S-Box를 통하여 변환되는 값을 쓰시오. (5점)

문제 1

주어진 프로젝트의 일정계획을 CP/M(Critical Path Method)으로 예측하고자 한다. 경험 많은 PM(Project Manager)이 사전에 확인 조사해 보니, 소작업 리스트가 다음과 같다고 한다. 다음 물음에 답하시오. (단, 소작업 간 중간 점검은 없다고 함) (30점)

(1) CP/M 네트워크가 필요한 이유를 2가지만 설명하시오. (10점)

(2) 소작업 리스트에 대한 CP/M 네트워크를 완성하시오. (10점)

(3) 이 프로젝트에 대한 CP와 그 기간(단위: 일)을 계산하시오. (10점)

〈소작업 리스트〉

소작업 명	선행작업	소요기간(단위:일)
가	-	8
나	-	15
다	가	15
라	-	10
마	나, 라	10
바	가, 나	5
사	가	20
아	라	25
자	다, 바	15
차	마, 사	15
카	자	7
타	아, 차, 카	10

문제 2

객체지향분석법은 현실세계의 모델을 소프트웨어로 직접 표현하는 것을 목적으로 하여, 객체를 기본 구성단위로 구축하는 방법이다. 객체지향 분석을 위한 다음 개념에 관하여 설명하시오. (30점)

(1) 집단화(Aggregation) (6점)

(2) 일반화(Generalization) (6점)

(3) 관련(Association) (6점)

(4) 인스턴스(Instance) (6점)

(5) 메시지 전송(Message Sending) (6점)

문제 3

테스팅(Testing)의 목적은 결함을 수정하는 것보다는 결함을 찾아내고 식별하는 것이다. 그러나 결함을 발견한 후에는 가능한 빨리 문제의 원인을 찾아야 하고 그 결함을 수정해야 한다. 회귀 테스팅(Regresstion Testing)에 관하여 설명하시오. (10점)

문제 4

여러 사람이 함께 코딩(Coding)을 할 경우, 코딩 스타일이 서로 다를 수 있다. 이 문제를 해결하기 위한 바람직한 코딩 규칙에 대하여 5가지만 설명하시오. (10점)

문제 5

국제표준협회(ISO)는 SPICE(Software Process Improvement and Capability dEtermination)이라는 이름으로 소프트웨어 프로세스 평가를 위한 국제표준을 제정하였다. 이 SPICE에 대하여 6가지 능력수준(레벨)과 5가지 범주(Group)에 관한 내용으로 ①~⑤에 해당하는 단계명과 프로세스명을 쓰시오. (10점)

(1) 6가지 능력수준(레벨): 0레벨(미완성/불완전단계) → 1레벨(실행/수행단계) → 2레벨(①) → 3레벨(②) → 4레벨(예측단계) → 5레벨(③) (6점)

(2) 5가지 범주(Group): 고객-공급자 프로세스, (④), 지원 프로세스, (⑤), 조직 프로세스 (4점)

문제 6

시간이 흐를수록 소프트웨어가 여러 분야로 응용·확장하게 되었다. 소프트웨어의 위기(Crisis)에 관해 2가지만 설명하시오. (10점)

• 기출 •

제2018년 제33회 기술지도사(정보처리분야) 2차

▶▶ 정보통신개론 ◀◀

문제 1

14.24.74.0/24의 시작 주소를 갖는 하나의 주소 블록이 어떤 기관 X에 할당되었다. X기관의 네트워크 관리자는 <보기>와 같이 3개의 블록(서브 네트워크)을 구성하고자 한다. 다음 물음에 답하시오. (단, 모든 IP 주소는 CIDR표기법으로 한다.) (30점)

보기

- 120개의 주소를 갖는 하나의 부-블록 A
- 60개의 주소를 갖는 하나의 부-블록 B
- 10개의 주소를 갖는 하나의 부-블록 C

물음 1) X 기관에 배정된 주소 블록에 따라 아래 표를 채우시오. (10점)

장치에 배정 가능한 IP 주소 수	①
첫 IP 주소	②
마지막 IP 주소	③
X 기관의 네트워크 주소	④
네트워크 마스크	⑤

물음 2) 부-블록 A, 부-블록 B, 부-블록 C의 첫 IP 주소, 마지막 IP 주소를 쓰시오. (12점)

	첫 IP 주소	마지막 IP 주소
부-블록 A	①	②
부-블록 B	③	④
부-블록 C	⑤	⑥

물음 3) 3개의 부-블록을 배정하고 난 이후, 남은 주소의 수는 몇 개인가? (3점)

물음 4) 클래스기반 주소지정(Classful addressing)을 사용할 경우 위의 <보기>와 같이 부-블록 구성이 불가능하다. 그 이유를 설명하시오. (5점)

문제 2

네트워크 연결 장치 중 데이터링크 계층에 속하는 스위치(또는 브리지)는 5가지 주요 기능(Filtering 기능, Flooding 기능, Learning 기능, Forwarding 기능, Aging 기능)을 가지고 있다. 다음 그림을 보고 물음에 답하시오. (30점)

MAC 주소	Port
71:2B:13:45:61:41	1
64:2B:13:45:61:13	4
71:2B:13:45:61:42	2

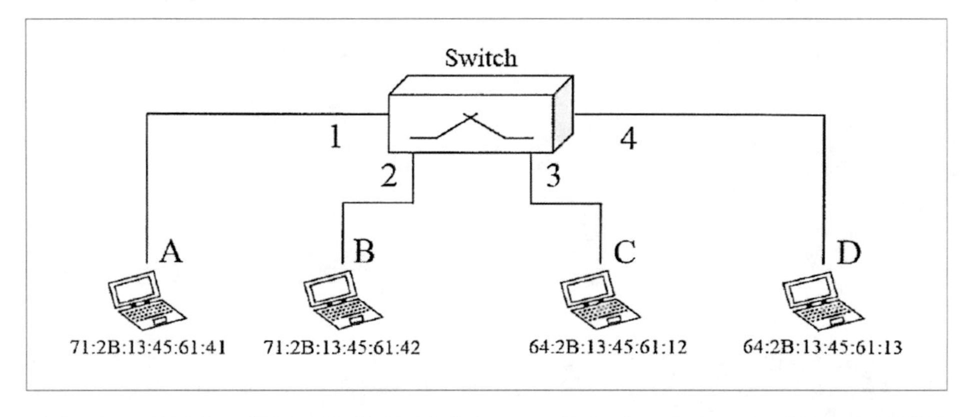

물음 1) 스위치가 1번 포트를 통해 목적지 MAC 주소가 71:2B:13:45:61:42인 프레임(Frame)을 받으면 포트 2로 전송한다. 이것은 5가지 기능 중 무엇인지를 쓰고, 이 경우 학습이 일어나지 않는 이유를 설명하시오. (6점)

물음 2) 컴퓨터 A가 스위치 1번 포트로 목적지 MAC 주소가 64:2B:13:45:61:12인 프레임을 전송했다. 스위치의 동작을 설명하시오. (6점)

물음 3) 컴퓨터 C가 컴퓨터 D에게 프레임을 전달할 때 스위치의 동작을 설명하시오. (6점)

물음 4) 위의 물음 1)~3)까지 동작을 수행한 후 스위치의 MAC 테이블은 어떻게 되는가? (6점)

물음 5) 만약 스위치에 MAC주소 FF:FF:FF:FF:FF:FF인 프레임이 전달되면 어떻게 동작하는지 설명하시오. (6점)

문제 3

신호가 전송매체를 통과할 때 장애가 발생한다. 이것은 신호가 매체의 시작과 끝에서 같지 않음을 의미한다. 다음 물음에 답하시오. (10점)

물음 1) 감쇠(attenuation), 일그러짐(distortion), 잡음(noise)이 어떤 장애인지 설명하시오. (6점)

물음 2) 통신 시스템에서 발생하는 4가지 잡음을 쓰시오. (4점)

문제 4

두 장치를 연결하는 매체의 대역폭이 두 장치가 필요로 하는 대역폭보다 클 경우에는 언제든지 그 링크를 공유할 수 있다. 다음 물음에 답하시오. (10점)

물음 1) 다중화(multiplexing), 다중화기(MUX: Multiplexer) 및 역다중화기(DEMUX: Demultiplexer)의 개념을 설명하시오. (3점)

물음 2) 시분할다중화(TDM) 방식에는 타임 슬롯 할당방식에 따라 2가지 다중화 방식이 있다. 2가지 방식은 무엇이며 각 방식의 장점, 단점을 1개씩 쓰시오. (4점)

물음 3) 각각 100kHz의 대역폭을 갖는 5개의 채널을 함께 다중화한다. 만일 서로 간의 간섭을 피하기 위해 채널 사이에 10kHz의 보호 대역이 필요하다면 최소 얼마만큼의 대역폭(kHz)이 필요한지 쓰시오. (3점)

문제 5

캐스팅 모드(casting mode)는 통신에 참여하는 송신자와 수신자의 수를 의미한다. 4가지 캐스팅 모드의 종류와 각 캐스팅 모드의 특징을 기술하시오. (10점)

문제 6

다음 암호화와 관련한 용어를 설명하시오. (10점)

물음 1) 기밀성(confidentiality) (2점)

물음 2) 무결성(integrity) (2점)

물음 3) 부인방지(Non-repudation) (2점)

물음 4) 가용성(availoability) (2점)

물음 5) 스누핑(snooping) (2점)

▶▶ 시스템응용 ◀◀

문제 1

A영화사에서 영화 데이터베이스를 설계하기 위해 다음과 같은 데이터베이스 요구 사항을 도출하였다. 다음 물음에 답하시오. (30점)

- 영화에 대하여 영화 제목, 제작년도, 상영시간을 관리한다. 제작되는 영화는 반드시 한 스튜디오에 속한다. 동일한 제목의 영화는 같은 연도에 제작되지 않는다.
- 영화에 출연하는 배우들에 대하여 이름, 전화번호, 배우자를 관리하고 영화배우는 한 스튜디오에만 속하고 여러 영화에 출연할 수 있다. 같은 이름을 갖는 배우는 없다.
- 스튜디오는 스튜디오 이름, 주소, 스튜디오 사장과 같은 정보를 유지한다. 스튜디오는 여러 개의 영화를 소유한다. 스튜디오에는 한 명의 사장이 있고, 한 명의 사장은 한 스튜디오만을 관리한다. 같은 이름을 갖는 스튜디오는 없다.
- 영화 제작과 관련하여 각 스튜디오는 임원들의 정보를 관리한다. 관리되는 정보로는 임원 이름, 총 재산, 주소, 주민등록번호이다. 임원 중에는 영화 PD가 있고 스튜디오를 관리하는 사장이 있다. 한 영화는 한 명의 PD에 의해서만 제작되고, 한 PD는 여러 영화를 제작한다. 같은 이름을

갖는 임원은 있을 수 있다.
- 스튜디오는 조명, 편집, 촬영 등과 같은 여러 작업반을 가지고 있다. 작업반을 위한 정보로는 작업반을 구분하기 위한 작업 이름과 작업반을 관리하는 작업반장 이름이 있으며 둘 다 유일한 값을 갖지 않는다.

〈설계 전제 조건〉
- 요구사항에 언급하지 않은 사항은 고려하지 않는다.
- 엔티티 집합(entity set), 관계성(relationship), 릴레이션(relation) 및 애트리뷰트(attribute)의 이름은 의미가 전달될 수 있도록 임의로 부여한다.

물음 1) 위 요구사항을 반영한 ER(Entity-Relationship) 다이어그램을 작성하시오. (단, 엔티니 집합과 애트리뷰트는 한글 이름을 사용한다.) (10점)

물음 2) 물음 1)의 ER 다이어그램을 관계 데이터베이스 스키마(관계형 모델 설계)로 변환하시오. (단, 생성되는 릴레이션의 수를 최소화하고 주키(primary key)는 밑줄로 표기한다.) (10점)

물음 3) 물음 2)의 관계 데이터베이스 스키마를 이용하여 다음 질의를 SQL(Structured Query Lanaguage)로 작성하시오. (10점)

(1) 2018년도에 제작한 영화의 제목과 상영시간을 검색하시오. (5점)

(2) 스튜디오 "ABC"에서 제작한 영화의 제목과 스튜디오 주소를 검색하시오. (5점)

문제 2

CPU 스케줄링에 대한 다음 물음에 답하시오. (30점)

물음 1) 다음과 같이 CPU 버스트 시간이 부여된 프로세스들이 존재할 때 최단작업 우선(Shortest Job First) 스케줄링을 선점형과 비선점형으로 처리되는 과정을 각각 간트(Gantt) 차트로 도식화하시오. (12점)

프로세스	도착시간	버스트 시간
P1	0	6
P2	2	3
P3	4	5
P4	6	2

물음 2) 다음과 같이 우선순위가 부여된 프로세스들이 존재할 때 우선순위 스케줄링을 선점형과 비선점형으로 처리되는 과정을 각각 간트 차트로 도식화하시오. (단, 낮은 수가 높은 우선 순위를 가진다고 가정한다.) (12점)

프로세스	도착 시간	버스트 시간	우선 순위
P1	0	6	2
P2	2	3	4
P3	4	5	1
P4	6	2	3

물음 3) 다음과 같이 CPU 버스트 시간이 부여된 프로세스들이 존재할 때 라운드 로빈(Round-Robin) 스케줄링 방식으로 처리되는 과정을 간트 차트로 도식화하시오. (단, 각 프로세스에게 주어진 시간 할당량(time quantum)은 4이다.) (6점)

프로세스	버스트 시간
P1	5
P2	3
P3	7
P4	2

문제 3

다음과 같이 알파벳 데이터가 순서적으로 삽입될 때 e와 c가 삽입된 후 구축된 B+-트리를 시작으로 해서 차수가 3인 B+-트리를 구축하는 과정을 순서적으로 나타내시오. (단, 데이터의 크기는 알파벳 순서에 따라 a<b<c<d<e이다.) (10점)

- 알파벳 데이터 삽입 순서: e, c, a, d, b
- e와 c가 삽입된 후 B⁺-트리:

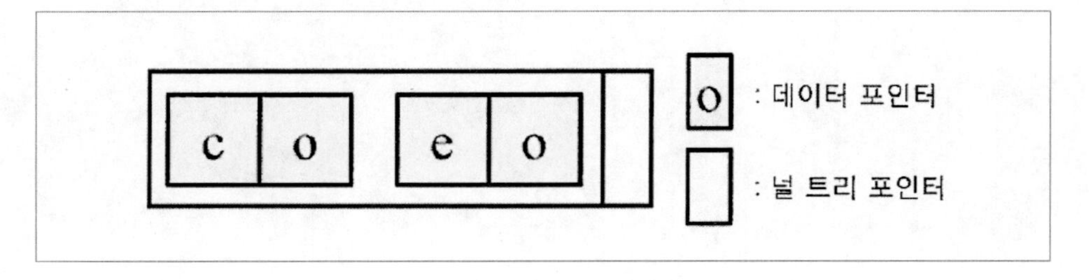

문제 4

최근 B사에서는 빅데이터 처리 플랫폼을 구축하기 위해 시장 조사를 하여, 빅데이터 처리 플랫폼으로 하둡(Hadoop)과 스파크(Spark)를 많이 활용하고 있다는 정보를 수집하였다. 다음 물음에 답하시오. (10점)

물음 1) 하둡의 맵리듀스(MapReduce)와 비교하여 스파크의 장점을 설명하시오. (4점)

물음 2) 스파크를 구성하는 다양한 컴포넌트 중 3가지를 선택하여 주요 기능을 설명하시오. (6점)

문제 5

다음 교착상태(Deadlock)에 대한 물음에 답하시오. (10점)

물음 1) 교착상태의 개념을 설명하시오. (2점)

물음 2) 교착상태가 발생할 수 있는 4가지 조건을 설명하시오. (8점)

문제 6

최근 C 연구소에서 새롭게 저장 장치를 도입하기 위해 RAID에 대해 자료 조사를 하여 RAID 레벨 0, 1, 2, 3, 4, 5, 6이 있음을 파악하였다. RAID에서 독립된 접근 기술을 사용하는 RAID 레벨을 제시하고 이들을 데이터가용성, 큰 입출력 데이터 전송 능력, 작업 입출력 요구율 관점에서 단일 디스크 및 타 RAID 레벨과 비교 설명하시오. (10점)

▶▶ 소프트웨어공학 ◀◀

문제 1

A주식회사 소프트웨어 개발부서에서 근무 중인 홍길동 대리는 최근에 소프트웨어 테스트 담당자로 임명되었다. 홍길동 대리는 신규 프로젝트로 개발된 소프트웨어에 대한 테스트 기획 업무를 진행하고 있다. 이 과정에서 홍길동 대리는 소프트웨어 테스트 기법은 블랙박스 테스트와 화이트박스 테스트가 있고, 각 기법에 여러 가지 세부적인 테스트 방법이 있음을 알게 되었다. 다음은 홍길동 대리가 검토 중에 있는 테스트 방법이다. 이 테스트 방법의 개념을 설명하시오. (30점)

물음 1) 동등 분할(equivalence partitioning) 테스트 (6점)

물음 2) 경계 값 분석(boundary value analysis) 테스트 (6점)

물음 3) 원인 결과 분석(cause effect analysis) 테스트 (6점)

물음 4) 상태 전이(state transfer) 테스트 (6점)

물음 5) 경로(route) 테스트 (6점)

문제 2

다음의 소프트웨어 아키텍처 설계 원리의 개념을 설명하시오. (30점)

물음 1) 분할과 정복(devide and conquer) (6점)

물음 2) 추상화(abstraction) (6점)

물음 3) 정보은닉(information hiding) (6점)

물음 4) 모듈화(modulation) (6점)

물음 5) 단계적 분해(stepwise anlaysis) (6점)

문제 3

소프트웨어 개발방법론 가운데 애자일(agile) 모델이 있다. 다음 물음에 답하시오. (10점)

물음 1) 애자일 프로세스 모델의 개념을 설명하시오. (4점)

물음 2) 애자일 모델을 사용하는 방법론 3가지를 쓰시오. (6점)

문제 4

COCOMO(constructive cost model) 방법을 사용하여 소프트웨어 개발 업무를 수행하고 있다. 다음 물음에 답하시오. (10점)

물음 1) COCOMO의 개념을 설명하시오. (4점)

물음 2) COCOMO를 구성하는 3단계에 대하여 설명하시오. (6점)

문제 5

객체지향 방법으로 소프트웨어를 설계하는 작업을 한다. 다음 물음에 답하시오. (10점)

물음 1) 객체 상속(object inheritance)의 개념을 설명하시오. (4점)

물음 2) 객체 상속의 장점 3가지를 쓰시오. (6점)

문제 6

소프트웨어 리엔지니어링(re-engineering)을 실시하려고 한다. 다음 물음에 답하시오.

(10점)

물음 1) 소프트웨어 리엔지니어링 개념을 설명하시오. (4점)

물음 2) 소프트웨어 리엔지니어링 기법 3가지를 쓰시오. (6점)

• 기출 •

제2017년 제32회 기술지도사(정보처리분야) 2차

▶▶ 정보통신개론 ◀◀

문제 1

다음과 같은 네트워크 환경에서 호스트 A가 호스트 B로 데이터를 전송하고자 한다. 다음 물음에 답하시오. (30점)

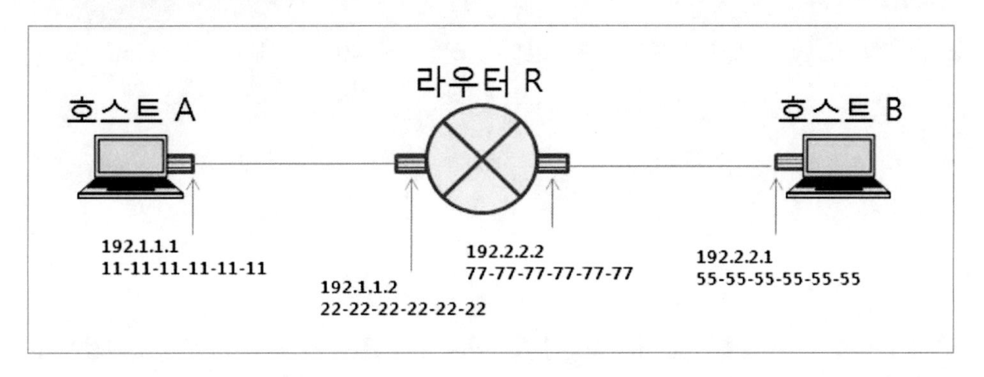

(1) 호스트 A에서 송신되고 호스트 B에서 수신되는 패킷의 송신측(source)/수신측(destination) MAC 주소와 IP 주소를 각각 작성하시오. (16점)

구분	송신측 MAC 주소	수신측 MAC 주소	송신측 IP 주소	수신측 IP 주소
호스트 A에서 송신되는 패킷	(ㄱ)	(ㄴ)	(ㄷ)	(ㄹ)
호스트 B에서 수신되는 패킷	(ㅁ)	(ㅂ)	(ㅅ)	(ㅇ)

(2) 호스트 A, B 및 라우터 R이 다른 장치의 IP 주소 정보만 알고 있는 경우에 ARP 프로토콜이 동작된다. 호스트 A에서 호스트 B로의 데이터 전송과정에는 총 몇 번의 ARP 프로토콜이 동작되는지 기술하고 그 이유를 설명하시오. (14점)

문제 2

인터넷 프로토콜에 관하여 다음 물음에 답하시오. (30점)

(1) TCP와 UDP에 대하여 흐름제어 기능과 오류제어 기능의 제공여부를 각각 제시하시오. (6점)

(2) TCP 세그먼트(segment)의 헤더에 존재하는 수신측 포트(port) 주소 필드의 용도를 기술하시오. (8점)

(3) IPv4 패킷(packet)의 헤더에 존재하는 TTL(Time To Live) 필드와 유사한 기능을 수행하는 IPv6 패킷의 헤더에 존재하는 필드명을 기술하시오. (8점)

(4) IPTV(Internet Protocol Television)의 실시간 스트리밍(real-time streaming) 서비스에서 TCP 대신에 UDP를 활용하는 이유를 기술하시오. (8점)

문제 3

아래 그림과 같은 신호 전송시스템에서 A지점의 신호 전력이 1mW인 경우 B지점에서의 신호 전력은 몇 mW가 되는지 제시하시오. (10점)

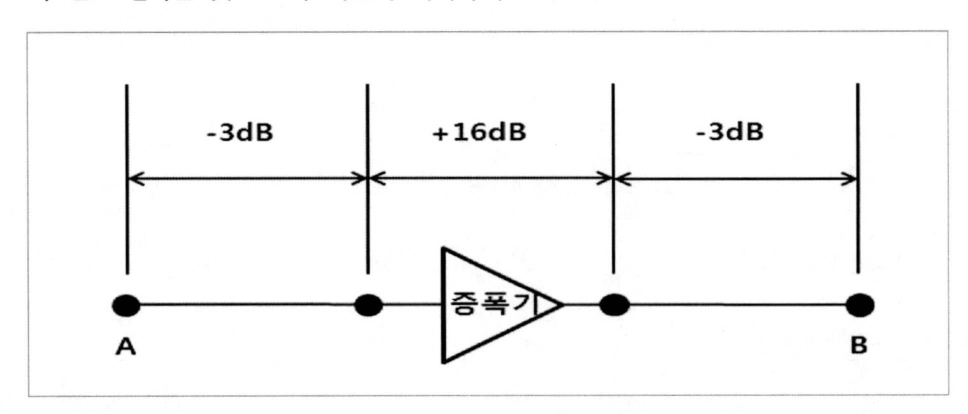

문제 4

데이터링크 계층의 흐름제어와 오류제어에 관하여 다음 물음에 답하시오. (10점)

(1) 흐름제어의 필요성을 설명하시오. (2점)

(2) 흐름제어 방식 중 1가지를 기술하시오. (2점)

(3) 전진 오류 수정(FEC: Forward Error Correction) 방식과 후진 오류 수정(BEC: Backward Error Correction) 방식에 대하여 수신측의 오류검출 능력과 오류정정 능력의 보유 여부에 관하여 설명하시오. (6점)

문제 5

디지털 변조방식에 관하여 다음 물음에 답하시오. (10점)

(1) 반송파의 진폭과 위상을 동시에 활용하여 디지털 정보를 전달하는 변조방식을 기술하시오. (4점)

(2) n개의 위상을 활용하는 PSK 변조방식은 변조신호당 몇 비트의 정보를 전달하는지 기술하시오. (6점)

문제 6

다음의 네트워크 프로토콜 기능에 대하여 설명하시오. (10점)

(1) EGP(Exterior Gateway Protocol) (2점)

(2) RIP(Routing Information Protocol) (2점)

(3) ICMP(Internet Control Message Protocol) (2점)

(4) IGMP(Internet Group Management Protocol) (2점)

(5) SNMP(Simple Network Management Protocol) (2점)

문제 1

운영체제의 암호화(encryption) 시스템에 관하여 다음 물음에 답하시오. (30점)

(1) 대칭키 암호시스템(symmetric-key cryptosystem)의 단점을 설명하시오. (5점)

(2) DES(Data Encryption Standard) 암호 알고리듬의 실제 비밀키(내부 비밀키)의 비트 수를 제시하시오. (5점)

(3) SEED 암호 알고리듬의 특징 2가지를 설명하시오. (10점)

(4) 비대칭키 암호시스템(asymmetric-key cryptosystem)의 특징 2가지를 설명하고 비대칭키 암호 알고리듬 1가지를 제시하시오. (10점)

문제 2

데이터베이스 설계에 관하여 다음 물음에 답하시오. (30점)

(1) 아래 표를 참조하여 제3정규형의 다음 단계 릴레이션(relation)을 BCNF(Boyce/Codd Normal Form)로 정규화하시오. (10점)

학번	과목명	담당교수
17001	정보보안	정몽주
17001	데이터베이스	최무선
16115	자바프로그래밍	문익점
16115	정보보안	안중근
15221	정보보안	안중근

(2) 다음은 게임 DVD 판매점의 〈온라인 주문서〉를 나타낸 것이다. 〈설계 조건〉에 따라 릴레이션 스키마를 설계하시오. (단, 릴레이션 스키마는 BCNF(Boyce/Codd Normal Form) 정규형을 만족하며, 속성명은 〈온라인 주문서〉에 제시된 것을 사용하고, 기본키는 밑줄로 표시한다.) (20점)

〈온라인 주문서〉

- 주문번호: 170701 • 주문일자: 2017.01.01 •
- 고객번호: 2310 • 고객이름: 김공단 • 고객전화: 010-1234-5678

DVD번호	DVD명	수량(개)	단가(원)
101	StarCraft	2	15,000
201	WOW	1	20,000
301	LOL	3	10,000

설계 조건

- 고객은 하루에 여러 번 주문할 수 있다.
- 고객이름, DVD명은 각각 동일한 것이 존재할 수 있다.
- 〈온라인 주문서〉의 주문번호, 고객번호, DVD번호는 유일하다.
- 1개의 주문번호로 여러 종류의 DVD를 각각 복수로 주문할 수 있다.

문제 3

데이터베이스에서 데이터 무결성(data integrity)에 관하여 다음 물음에 답하시오. (10점)

(1) 데이터 무결성을 정의하시오. (2점)

(2) 데이터 무결성의 종류 4가지를 제시하고 각각의 의미를 설명하시오. (8점)

문제 4

다중스레딩(multi-threading)에 관하여 다음 물음에 답하시오. (10점)

(1) 다중스레딩의 장점 4가지를 제시하고 각각의 의미를 설명하시오. (8점)

(2) 다중스레딩의 모델 종류 3가지를 기술하시오. (2점)

문제 5

운영체제의 디스크 스케줄링에 관하여 다음 물음에 답하시오. (10점)

(1) LOOK 알고리듬의 특징 2가지를 설명하시오. (6점)

(2) 다음에 제시된 〈처리조건〉에 의거하여 LOOK 알고리듬으로 스케줄링할 때, 디스크 헤더가 이동하는 순서를 기술하시오. (4점)

처리 조건

① 디스크의 트랙은 0번(바깥쪽)부터 199번(안쪽)까지 200개이다.
② 헤더의 현재 위치는 110번 트랙이며, 안쪽 트랙으로 이동하고 있다.
③ 디스크 대기 큐에는(60, 40, 20, 90, 160, 140, 180) 트랙 요청이 있다.
④ 160번 트랙의 요청을 처리하는 동안에 새로운 요청(190, 70, 130)이 발생된다.

문제 6

A회사는 최근 고객 개인정보 유출사건이 발생하였다. 이를 보완하기 위하여 A회사 최고정보책임자는 고객들의 개인정보 보호를 위하여 데이터베이스 암호화 방식을 적용하려고 한다. 다음 물음에 답하시오. (10점)

(1) Plug-In 암호화 방식의 특징 1가지를 제시하시오. (3점)

(2) API 암호화 방식의 특징 1가지를 제시하시오. (3점)

(3) Hybrid 암호화 방식의 특징 1가지를 제시하시오. (4점)

문제 1

PMBoK(Project Management Body of Knowledge) 가이드라인에서 제시하는 프로젝트 관리 프로세스에 관하여 다음 물음에 답하시오. (30점)

(1) 프로젝트 관리 프로세스의 5가지 범주를 제시하고 각각에 대하여 설명하시오. (20점)

(2) 프로젝트 관리 지식영역에 해당하는 관리항목 10가지를 제시하시오. (10점)

문제 2

소프트웨어 형상관리에 관하여 다음 물음에 답하시오. (30점)

(1) 소프트웨어 형상관리의 필요성을 설명하시오. (6점)

(2) 소프트웨어 형상관리 절차를 4단계로 제시하고 각 단계에 대하여 설명하시오. (24점)

문제 3

소프트웨어 개발 생명주기 모델(방법) 중 나선형(spiral)과 프로토타입(prototype) 모델의 공통점 5가지를 제시하시오. (10점)

문제 4

프로젝트 관리 및 계획에 관하여 다음 물음에 답하시오. (10점)

(1) 기능점수(function point)에 대하여 설명하시오. (5점)

(2) 간트차트(Gantt chart)에 대하여 설명하시오. (5점)

문제 5

소프트웨어 설계 활동에서 설계는 기술적인 관점과 관리적인 관점으로 나눌 수 있다. 다음 물음에 답하시오. (10점)

(1) 기술적인 관점의 설계 활동에서 4가지 활동을 제시하고 각각에 대하여 설명하시오. (8점)

(2) 관리적인 관점의 설계 활동에서 2가지 활동을 제시하고 각각에 대하여 설명하시오. (2점)

문제 6

소프트웨어 유지보수(maintenance)활동에 관하여 다음 물음에 답하시오. (10점)

(1) 유지보수의 의미를 설명하시오. (2점)

(2) 유지보수의 4가지 주요활동을 제시하고 각각에 대하여 설명하시오. (8점)

• 기출 •

제2016년 제31회 기술지도사(정보처리분야) 2차

▶▶ 정보통신개론 ◀◀

문제 1

HDLC(High-level Data Link Control)에 관하여 다음 물음에 답하시오. (30점)

(1) HDLC 프레임의 형식을 순서대로 나타내시오. (6점)

(2) HDLC 프레임 형식에 해당하는 각 필드에 필요한 비트 수와 기능을 설명하시오. (15점)

(3) HDLC는 OSI 7계층 모델의 어느 계층에 해당되는지 명칭을 쓰고 그 계층의 기능을 설명하시오. (3점)

(4) HDLC 동작모드의 3가지를 쓰고 각각의 기능을 설명하시오. (6점)

문제 2

IPv4와 IPv6의 주소 체계에 관하여 다음 물음에 답하시오. (30점)

(1) IPv4와 IPv6의 특징을 비교한 아래 표에서 ①~⑤의 내용을 채우시오. (10점)

구분	IPv4	IPv6
주소 길이	32비트	①
표시 방법	8비트씩 4부분으로 10진수로 표시	②
주소 개수	약 43억 개	③
주소 할당	A, B, C, D 등 클래스 단위의 비순차적 할당	④
보안 기능	IPSec 프로토콜 별도 설치	⑤

(2) IPv6 패킷형식을 순서대로 나타내시오. (3점)

(3) IPv6의 주소형태 3가지를 설명하시오. (6점)

(4) IPv4와 IPv6의 연동방법 3가지를 설명하시오. (6점)

(5) IP주소의 종류에 대하여 다음의 클래스별 내용을 채우시오. (5점)

구분	A클래스	B클래스	C클래스
IP주소의 구성	①	네트워크 주소, 네트워크 주소, 호스트 주소, 호스트 주소	네트워크 주소, 네트워크 주소, 호스트 주소, 호스트 주소
주소 범위	1~126	②	192~223
처음 비트 패턴	비트 0	비트 10	③
네트워크 비트 수	④	14비트 할당	21비트 할당
호스트 비트 수	24비트 할당	⑤	8비트 할당

문제 3

기가비트 이더넷(Ethernet)에 관하여 다음 물음에 답하시오. (10점)

(1) 기가비트 이더넷에 지원되는 표준화된 전송매체의 4가지 종류에 관해서 물리매체, 파장, 전송거리(m) 등을 중심으로 설명하시오. (8점)

(2) 기가비트 이더넷에서 사용되는 부호화 방식을 기술하시오. (2점)

문제 4

다음은 IEEE 802.X 워크그룹에 대한 내용 중 일부이다. 각 워크그룹의 주제를 LAN과 관련된 내용으로 빈칸을 채우시오. (10점)

워크그룹	주체
802.1	High Level Layer Interface
802.2	①
802.3	②
802.4	③
802.5	④
802.6	MAN
802.11	⑤
802.15	Wireless Private Area Network (WPAN)

문제 5

PPP(Point to Point Protocol)는 점대점 링크로 IP 트래픽을 전달하기 위해 개발한 표준 프로토콜이다. 다음 물음에 답하시오. (10점)

(1) PPP 프레임을 구성하고 있는 6개의 필드별 명칭과 길이(바이트 단위)를 순서대로 나타내시오. (5점)

(2) 위의 6개 필드별 기능에 관하여 설명하시오. (5점)

문제 6

통신 프로토콜(protocol)에 관하여 다음 물음에 답하시오. (10점)

(1) 통신 프로토콜을 구성하는 기본요소 3가지를 설명하시오. (6점)

(2) 다음 통신 프로토콜의 기능에 관하여 각각 설명하시오. (4점)

1) 단편화(fragmentation)

2) 캡슐화(encapsulation)

3) 동기화(synchronization)

4) 다중화(multiplexing)

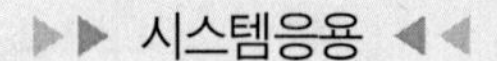

문제 1

시스템에 p_0부터 p_4까지 5개의 프로세스와 a, b, c라는 3가지의 자원이 있을 때, 임의의 시간 t_0에 시스템이 아래의 〈보기〉와 같은 상태에 있다고 하자. 이때 교착상태(deadlock)를 회피하기 위해 은행원(Banker's) 알고리즘을 적용하려고 할 경우, 다음 물음에 답하시오. (30점)

보기

	Allocation a b c	Max a b c	Available a b c
p0	0 1 0	7 5 3	3 3 2
p1	2 0 0	3 2 2	
p2	3 0 2	9 0 2	
p3	2 1 1	2 2 2	
p4	0 0 2	4 3 3	

(1) 교착상태의 개념에 관하여 설명하시오. (5점)

(2) 교착상태가 발생할 수 있는 4가지 조건을 기술하시오. (12점)

(3) 주어진 〈보기〉를 참조하여 다음의 Need 행렬을 작성하시오. (5점)

	Need a b c
p0	
p1	
p2	
p3	
p4	

(4) 주어진 〈보기〉의 상태에서 p1이 a 자원 1개와 c 자원 2개를 추가로 요청하여

Request1 = (1, 0, 2)이 될 경우, 안전성 여부를 판단하여 p1의 요청을 즉시 들어줄 수 있는지를 알아보고 그 이유를 설명하시오. (8점)

문제 2

빅데이터를 분석하기 위한 기계학습(machine learning)에 관하여 다음 물음에 답하시오. (30점)

(1) 기계학습이 지도학습(supervised learning)과 비지도학습(unsupervised learning)으로 구분되는 기준에 관하여 설명하시오. (8점)
(2) 지도학습에 해당하는 분류(classification) 방법과 비지도학습에 해당하는 군집화(clustering) 방법의 개념을 각각 설명하시오. (10점)
(3) 분류 방법과 군집화 방법에 해당하는 세부 기법을 각각 2개씩 기술하시오. (12점)

문제 3

분산 데이터베이스에 관하여 다음 물음에 답하시오. (10점)

(1) 어떤 데이터베이스가 분산 데이터베이스가 되기 위해서 만족되어야 할 3가지 최소 조건에 관하여 설명하시오. (6점)
(2) 분산 데이터베이스 관리 시스템의 장점을 2가지만 기술하시오. (4점)

문제 4

분산 데이터베이스 시스템에 적용되는 CAP 이론에서 C, A, P에 해당하는 조건에 관하여 각각 설명하시오. (10점)

문제 5

아래 표와 같이 각각의 버스트(burst) 시간을 갖는 프로세스(process)들이 시간 t0에 p1, p2, p3 순서로 도착된다고 가정하자. 이때 시간할당량이 4ms이고 라운드 로빈(Round Robin) 방식으로 스케줄링할 경우, 다음 물음에 답하시오. (10점)

프로세스	버스트 시간(ms)
p1	24
p2	2
p3	6

(1) 프로세스의 실행 스케줄을 나타내는 간트 차트(Gantt chart)를 그리시오. (5점)

(2) 프로세스의 평균 대기시간을 구하시오. (단, 계산과정을 쓰고, 계산은 소수점 셋째자리에서 반올림하여 소수점 둘째자리까지 구한다.) (5점)

문제 6

프로세스 스케줄링 시 발생할 수 있는 문맥교환(context switching)에 관하여 설명하시오. (10점)

▶▶ 소프트웨어공학 ◀◀

문제 1

다음의 소프트웨어 아키텍처 스타일의 개념과 특징 3가지를 설명하시오. (30점)

(1) 데이터 중심 아키텍처(data centric architecture) (5점)

(2) 데이터 흐름 아키텍처(data flow architecture) (5점)

(3) 클라이언트/서버 아키텍처(client/server architecture) (5점)

(4) 계층형 아키텍처(layered architecture) (5점)

(5) MVC 아키텍처(Model View Controller architecture) (5점)

(6) 3계층 아키텍처(3-tire architecture) (5점)

문제 2

정보시스템을 개발하는 A회사의 사내 강사인 甲대리가 컴포넌트 기반 소프트웨어 공학(CBSE)에 관하여 교육하고자 할 때, 다음에 관하여 설명하시오. (30점)

(1) 컴포넌트의 특성 5가지 (10점)

(2) 컴포넌트 기반 소프트웨어 공학의 필수 요소 4가지 (10점)

(3) 컴포넌트 기반 소프트웨어 공학의 문제점 4가지 (10점)

문제 3

CMMI(Capability Maturity Model Integration)의 정의와 CMMI 모델의 구성요소인 프로세스 영역, 목표, 기술에 관하여 각각 설명하시오. (10점)

문제 4

소프트웨어 개발단계에서 고려해야 할 사용자 인터페이스(user interface) 설계 원리를 5가지만 기술하시오. (10점)

문제 5

소프트웨어 재사용(reuse)의 장점을 5가지만 기술하시오. (10점)

문제 6

소프트웨어 개발 프로세스와 테스트 과정에서 V모델의 정의 및 장·단점에 관하여 설명하시오. (10점)

• 기출 •

제2015년 제30회 기술지도사(정보처리분야) 2차

▶▶ 정보통신개론 ◀◀

문제 1

이더넷(Ethernet)에 관하여 다음 물음에 답하시오. (30점)

(1) 다음 이더넷 프레임 형식에 관한 내용을 완성하시오. (10점)

구성	크기	의미
프리엠블(preamble)	7byte	(①)
(②)	1byte	프레임의 시작을 알림
목적지 주소	6byte	수신지 MAC 주소
발신지 주소	(③)	발신지 MAC 주소
(④)	2byte	상위계층이 캡슐화된 것이 무엇인지 표시
데이터 및 패딩	46~1,500byte	캡슐화되는 공간
CRC	4byte	(⑤)

(2) 이더넷 프레임에서 데이터 및 패딩 필드의 길이가 최소 46byte 이상으로 규정되어 있는 이유를 설명하시오. (10점)

(3) 10Base5와 10Base2를 비교 설명하시오. (10점)

문제 2

어떤 기관에 할당된 IP 시작 주소가 205.16.37.0/24를 갖는 하나의 주소블록인 경우 다음 물음에 답하시오. (30점)

(1) IPv4와 IPv6 주소지정 체제의 차이점을 설명하시오. (5점)

(2) 해당 기관에 배정된 사용 가능한 주소들의 개수와 마지막 주소를 쓰시오. (10점)

(3) 3개의 서브 블록에 사용 가능한 주소를 다음 순서대로 배정하시오. (15점)

1) 120개를 주소로 갖는 첫 번째 서브 블록 f1의 시작 주소와 마지막 주소를 쓰시오. (5점)

2) 50개를 주소로 갖는 두 번째 서브 블록 f2의 시작 주소와 마지막 주소를 쓰시오. (5점)

3) 10개를 주소로 갖는 세 번째 서브 블록 f3의 시작 주소와 마지막 주소를 쓰시오. (5점)

문제 3

디지털 신호에 관하여 다음 물음에 답하시오. (10점)

(1) 대역폭의 의미를 설명하시오. (4점)

(2) 텍스트 자료를 분당 200페이지 다운로드 받을 수 있을 때 필요한 대역폭을 계산하시오. (단, 각 페이지는 줄당 60개의 문자로 된 25줄로 구성되며, 각 문자당 8비트로 구성한다.) (6점)

문제 4

시분할 다중화(TDM, Time Division Multiplexing)에 관하여 물음에 답하시오. (10점)

(1) 시분할 다중화 방식에 관하여 설명하시오. (4점)

(2) TDM을 사용하여 4개의 채널로 다중화하는 경우, 각 채널이 100 byte/s의 속도로 전송하고, 각 채널마다 1byte씩 다중화할 때에 프레임 크기와 채널의 전송률(bps)을 구하시오. (6점)

문제 5

국제표준기구(ISO)에서 제정한 OSI 7계층 중 전송 계층(transport layer)의 대표 프로토콜에 TCP와 UDP가 있다. 다음 표의 빈칸을 완성하시오. (10점)

	TCP	UDP
기본 헤더의 길이	20byte	(①) byte
데이터 전송단위	(②)	블록 형태의 데이터그램
서비스 형태	6byte	(③)
각종 수신 포트의 길이	(④)	16bit
수신순서	송신순서와 일치	(⑤)

문제 6

VPN(Virtual Private Network)와 NAT(Network Address Translation)에 관하여 다음 물음에 답하시오. (10점)

(1) VPN을 사용하는 이유와 장점을 설명하시오. (5점)

(2) NAT의 특징을 기술하고, NAT를 이용하여 IP 터널링하는 방식을 설명하시오. (5점)

문제 1

가상기억장치에서 페이지 교체(replacement) 알고리즘에 관하여 다음 물음에 답하시오. (30점)

(1) 최적(optimal) 페이지 교체 알고리즘을 정의하고 특징을 설명하시오. (6점)

(2) LRU(Least Recently Used) 페이지 교체 알고리즘을 정의하고 특징을 설명하시오. (6점)

(3) 참조비트와 변형비트에 관하여 설명하시오. (6점)

(4) FIFO(First In First Out) 페이지 교체 알고리즘에서의 벨라디 변이(Belady's anomaly)를 설명하고, 벨라디 변이의 단점을 보완한 이차기회(Second Chance) 페이지 교체 알고리즘에 관하여 설명하시오. (12점)

문제 2

데이터마이닝(data mining) 기술에 관하여 다음 물음에 답하시오. (30점)

(1) 군집화(clustering)와 분류(classification)를 비교하여 설명하시오. (10점)

(2) k-means 알고리즘의 원리와 장·단점을 설명하시오. (10점)

(3) k-NN(k-Nearest Neighbors) 알고리즘을 정의하고, 추천시스템에 적용하는 방법을 설명하시오. (10점)

문제 3

HDD(Hard Disk Drive)의 대용으로 사용되는 SSD(Solid State Drive)에 관하여 설명하고, 장·단점을 약술하시오. (10점)

문제 4

교착상태 회복을 위하여 프로세스로부터 자원을 강제로 회수하는 경우, 고려하여야 할 3가지 사항을 설명하시오. (10점)

문제 5

트랜잭션(transaction)을 정의하고, 트랜잭션의 4가지 특성을 설명하시오. (10점)

문제 6

대용량 데이터 집합을 대상으로 하는 기계학습에서 학습알고리즘이 수용할 수 없을 정도로 데이터 집합이 방대한 경우, 이를 해결할 수 있는 3가지 방안에 관하여 설명하시오. (10점)

▶▶ 소프트웨어공학 ◀◀

문제 1

소프트웨어 요구분석 기법 중 디마르코(T. Demarco)가 개발한 구조적 분석 방법에 관하여 다음 물음에 답하시오. (30점)

(1) 구조적 분석 방법을 정의하고 장·단점을 설명하시오. (8점)

(2) 구조적 분석의 세부 작업을 진행 순서에 따라 설명하시오. (10점)

(3) 구조적 분석의 구성요소인 자료 흐름도(Data Flow Diagram), 자료 사전(Data Dictionary), 소단위 명세서(Mini-Specification)에 관한 의미와 작성방법을 각각 설명하시오. (12점)

문제 2

웹 기반 시스템의 개발과 관련된 웹 엔지니어링 프로세스 모델에 관하여 다음 물음에 답하시오. (30점)

(1) 웹 엔지니어링 프로세스 모델의 개념을 정의하고, 주요 단계를 순서대로 설명하시오. (15점)

(2) 소프트웨어 공학적 관점에서 웹 엔지니어링 프로세스의 주요 설계내용 4가지를 설명하시오. (15점)

문제 3

객체지향 소프트웨어의 설계 원리에 관하여 다음 물음에 답하시오. (10점)

(1) 추상화(abstraction)의 의미와 사례를 설명하시오. (5점)

(2) 정보은닉(information hiding)의 의미와 사례를 설명하시오. (5점)

문제 4

관점지향 프로그래밍(Aspect-Oriented Programming)에 관하여 다음 물음에 답하시오. (10점)

(1) AOP의 의미와 장점을 설명하시오. (5점)

(2) AOP의 적용 방법을 설명하시오. (5점)

문제 5

인스펙션(inspection)은 품질개선과 비용절감을 위한 기법으로 사용한다. 다음 물음에 답하시오. (10점)

(1) 인스펙션 과정을 6개 단계로 나열하고, 단계 사이의 관계를 설명하시오. (4점)

(2) 인스펙션의 종류 3가지를 설명하시오. (6점)

문제 6

객체지향 언어에서 다형성(polymorphism)을 지원하는 방법에 관하여 다음 물음에 답하시오. (10점)

(1) 메소드의 오버로딩(Overloading)과 오버라이딩(Overriding)을 정의하시오. (5점)

(2) 파라미터, 메소드 이름, 리턴형, 상위 클래스의 관점에서 오버로딩과 오버라이딩의 차이점을 설명하시오. (5점)

• 기출 •

제2014년 제29회 기술지도사(정보처리분야) 2차

▶▶ 정보통신개론 ◀◀

문제 1

인터넷상의 사이버(Cyber) 서비스 거부 공격(DoS: Denial of Service)의 유형은 다음과 같이 취약점 공격형과 자원고갈 공격형으로 구분할 수 있으며, 이러한 구분에 따른 구체적인 공격 유형에 대해 각각 설명하시오. (30점)

(1) 취약점 공격형 (10점)

1) Land (5점)

2) Boink (5점)

(2) 자원고갈 공격형 (20점)

1) Mail Bomb (5점)

2) Smurf (5점)

3) Ping of Death (5점)

4) Syn Flooding (5점)

문제 2

컴퓨터 네트워크 상에서 130.96.XXX.YYY이라는 네트워크 계정을 가정하고, 아래 물음에 답하시오. (30점)

(1) 위 네트워크 계정이 IP주소 체계에서 어떤 클래스에 속하는지 쓰고, 그 이유를 설명하시오. (10점)

(2) 위 네트워크 계정에 속한 어떤 이더넷의 서브넷 마스크(subnet mask)가 0X ffffffc0이면, 이 네트워크 ID, 서브넷 ID 및 노드(호스트) ID가 각각 몇 비트로 구성되어 있는지 설명하시오. (10점)

(3) 130.96.17.02의 IP주소와 130.96.17.62의 IP주소가 같은 서브넷에 속하는지 구분하여 설명하시오. (10점)

문제 3

다음은 특정 IP계정에 관한 네트워크 연결 상태를 테스트하는 일련의 과정이다. 다음 물음에 답하시오. (10점)

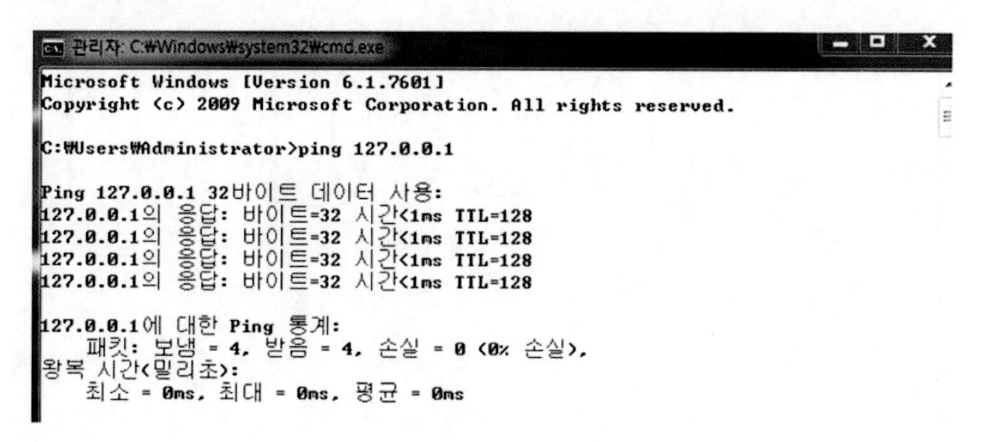

(1) 'ping 127.0.0.1'이란 명령어를 실행하는 이유를 설명하시오. (5점)

(2) 명령어 수행 과정에서의 TTL=128의 의미를 설명하시오. (5점)

문제 4

정보통신 프로토콜의 하나인 TCP/IP 프로토콜 스택의 4개 계층의 명칭을 쓰고, UDP 통신 프로토콜과 HTTP통신 프로토콜이 각각 어느 계층에 해당하는지 쓰시오. (10점)

문제 5

모바일 애드혹 네트워킹(Mobile Ad-hoc Networking)의 개념을 설명하고, 이의 특징을 3가지만 설명하시오. (10점)

문제 6

주체의 접근으로부터 객체의 기밀성, 무결성, 가용성을 보장하기 위한 접근 제어(access control)는 다음과 같이 도식화할 수 있다. 다음 (1), (2), (3)에 들어갈 기법을 순서대로 나열하고, 각각에 대해 설명하시오. (10점)

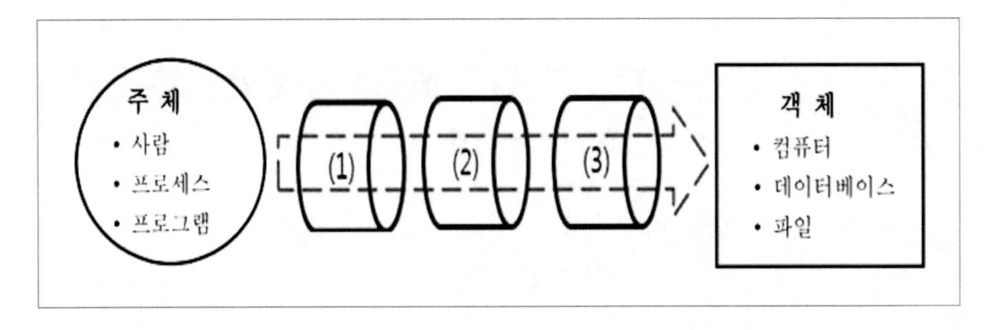

문제 1

CPU에 대한 프로세스 스케줄링에서 선점형(preemptive) 스케줄링과 비선점형(non-preemptive) 스케줄링에 대한 개념 및 특징을 각각 설명하고, 각 방식에 해당하는 알고리즘 종류를 나열하시오. (30점)

문제 2

데이터베이스관리시스템(DBMS)의 주요 구성요소는 다음과 같다. 아래의 물음에 답하시오. (30점)

DDL 컴파일러, 질의어 처리기, 예비 컴파일러, DML컴파일러, 런타임 데이터베이스 처리기, 저장 데이터 관리자, 트랜잭션 관리자

(1) 사용자가 질의어로 데이터베이스를 접근할 때 질의어의 처리과정을 위의 구성요소를 사용하여 설명하시오. (10점)

(2) 프로그래머가 DML/응용프로그램으로 데이터베이스를 접근할 때 DML/응용 프로그램의 처리과정을 위의 구성요소를 사용하여 설명하시오. (10점)

(3) DBA가 DDL/스키마로 시스템 카탈로그를 접근할 때 그 처리과정을 위의 구성요소를 사용하여 설명하시오. (10점)

문제 3

기억장치관리 기법에서 스래싱(thrashing)의 개념과 이를 방지하기 위한 방법을 기술하시오. (10점)

문제 4

DBMS의 회복모듈이 트랜잭션에 대하여 검사점(checkpoint)과 즉시갱신(immediate update)기법을 사용한다. 트랜잭션의 로그에 기록된 로그 레코드의 내용과 순서가 다음과 같을 때 물음에 답하시오. (단, <Ti, C, Vm, Vn>에서 Ti는 트랜잭션 i, C는 속성명, Vm은 현재값, Vn은 갱신값을 의미함.) (10점)

<T1, start>, <T1, C, 100, 35>, <T2, start>, <T2, B, 150, 45>, <T1, commit>, <T3, start>, <T3, A, 10, 90>, <checkpoint>, <T3, E, 50, 80>, <T3, commit>, <T4, start>, <T4, B, 45, 60>, <T5, start>, <T5, A, 90, 70>, <T4, A, 70, 55>, <T4, commit>, <T2, C, 35, 66>, 시스템 장애발생

(1) 위의 로그에서 Undo와 Redo에 해당하는 트랜잭션을 각각 쓰시오. (4점)

(2) 트랜잭션이 회복되었을 때 A와 B의 값을 각각 쓰시오. (6점)

문제 5

빅데이터에 관한 다음 물음에 답하시오. (10점)

(1) 빅데이터의 처리 단계를 순서대로 나열하시오. (5점)

(2) 빅데이터 관련 기술을 5가지만 쓰시오. (5점)

문제 6

클라우드 컴퓨팅에 대한 다음 물음에 답하시오. (10점)

(1) 클라우드 컴퓨팅과 그리드 컴퓨팅의 유사점 및 차이점에 대해 각각 설명하시오. (6점)

(2) 클라우드 컴퓨팅에서의 가상화 기술에 대해 설명하시오. (4점)

문제 1

다음 소프트웨어 개발 생명주기 모델(방법)의 개념 및 특징을 각각 설명하시오. (30점)

(1) 폭포수(Waterfall) 모델 (5점)

(2) 프로토타입(Prototype) 모델 (5점)

(3) 나선형(Spiral) 모델 (5점)

(4) 반복적 개발(Iterative Development) (5점)

(5) RAD(Rapid Application Development) (5점)

(6) 애자일 방법(Agile Method) (5점)

문제 2

소프트웨어의 테스트기법에 관한 다음 물음에 답하시오. (30점)

(1) 화이트박스 테스트(White Box Test)와 블랙박스 테스트(Black Box Test)를 비교 설명하시오. (10점)

(2) 테스트 케이스를 효율적으로 만들기 위한 기법인 동등 분할, 경계값(Boundary-value) 분석, 도메인(Domain) 테스트, 원인-결과(Cause-Effect Graph) 그래프를 각각 설명하시오. (20점)

문제 3

소프트웨어 유지보수의 정의를 기술하고, 유지보수 유형을 수리 유지보수(Corrective maintenance), 적응 유지보수(Adaptive maintenance), 완전화 유지보수(Perfective maintenance), 예방 유지보수(Preventive maintenance)로 구분하여 각각 설명하시오.

(10점)

문제 4

다음 용어를 설명하시오. (10점)

(1) 형상관리(Configuration Management) (5점)

(2) 벤치마크 테스트(Benchmark Test) (5점)

문제 5

소프트웨어 디자인 패턴의 하나인 MVC 패턴을 구성하는 3가지 컴포넌트의 주요 기능에 대해 설명하시오. (10점)

문제 6

소프트웨어 요구공학에서 요구사항을 정의하는 프로세스의 4단계를 순서대로 나열하고, 각 단계에 대해 설명하시오. (10점)

• 기출 •

제2013년 제28회 기술지도사(정보처리분야) 2차

▶▶ 정보통신개론 ◀◀

문제 1

장거리 전송 및 다중화 목적으로 정보를 전송하는 방식에는 베이스밴드(Baseband) 전송, 브로드밴드(Broadband) 전송 및 PCM(Pulse Code Modulation) 전송 방식이 있다. 다음 물음에 답하시오. (30점)

(1) 베이스밴드 전송 방식, 브로드밴드 전송 방식, 그리고 PCM 전송 방식의 개념과 특징을 각각 설명하시오. (9점)

(2) 베이스밴드 전송 방식 중 단류 방식, 복류 방식, NRZ(Non Return to Zero) 방식, RZ(Return to Zero) 방식, 바이폴라(Bipolar) 방식의 개념과 특징을 각각 설명하시오. (13점)

(3) 디지털 데이터 신호 "1010110"에 대한 단류 NRZ 방식, 단류 RZ 방식, 복류 NRZ 방식, 복류 RZ 방식의 디지털 전송 신호 파형을 다음과 같은 형식으로 도식하시오. (8점)

방식	전압	파형							방식	전압	파형						
		1	0	1	0	1	1	0			1	0	1	0	1	1	0
단류 NRZ	+E 0 −E								단류 RZ	+E 0 −E							
방식	전압	1	0	1	0	1	1	0	방식	전압	1	0	1	0	1	1	0
복류 NRZ	+E 0 −E								복류 RZ	+E 0 −E							

문제 2

모바일 애플리케이션 개발 방식에 다른 앱(App)의 형태인 네이티브앱(Native App), 웹앱(Web App), 하이브리드앱(Hybrid App), 클라우드 스트리밍에 대하여 다음의 물음에 답하시오. (30점)

(1) 위의 4가지 형태의 앱의 개념 및 특징을 각각 설명하시오. (12점)

(2) 다음 <보기>에서 제시된 용어들을 해당하는 앱에 각각 나열하시오. (6점)
(단, 제시된 용어가 두 가지 이상에 해당할 경우 중복적으로 사용하여 나열하시오.)

보기

HTML5, Xcode, 폰갭(phone gap), 앱스프레소(Appspresso), 크로스 플랫폼, Google Docs, 에버노트(Evernote), 센차터지(Seccha Touch), Objective C, Eclipse, 플랫폼 종속적

① 네이비트앱(Native App)

② 웹앱(Web App)

③ 하이브리드앱(Hybrid App)

(3) 위의 4가지 형태의 앱 개발 방식의 장단점을 비교하여 설명하시오. (12점)

※ 다음 문제를 약술하시오.

문제 3

네트워크 접속장치는 인터네트워킹을 위하여 어떤 프로토콜을 사용하느냐에 따라 리피터(repeater), 허브(hub), 브리지(bridge), 라우터(router), 게이트웨이(gateway) 등을 사용하여 OSI 참조모델의 프로토콜 각 계층에 매핑될 수 있다. 이러한 네트워크 접속 장치 5가지를 OSI의 어떤 계층과 연관되는지를 포함하여 기능을 각각 설명하시오. (10점)

문제 4

최근 활성화되고 있는 영상 콘텐츠 서비스 중에서 OTT(Over The Top)와 IPTV(Internet Protocol Television)의 차이점과 현재 국내에서 서비스되고 있는 예를 각각 2가지만 설명하시오. (10점)

문제 5

사물지능 통신(Machine to Machine: M2M)에 대하여 다음 물음에 답하시오. (10점)

(1) 사물지능 통신의 개념을 정의하시오. (4점)

(2) 사물지능 통신 기술 및 응용 분야에 대해 설명하시오. (6점)

문제 6

Dijkstra의 최소 비용 경로배정(least-cost routing) 알고리즘을 이용하여 노드 간에 최단경로를 구한다. (10점)

(1) 다음 그림에서 시작 노드를 s로 해서 라우팅 테이블을 작성하시오. (5점)
(단, 그림에서 아크(arc)에 표시된 숫자는 아크로 연결된 두 노드 사이의 비용(cost)을 의미한다.)

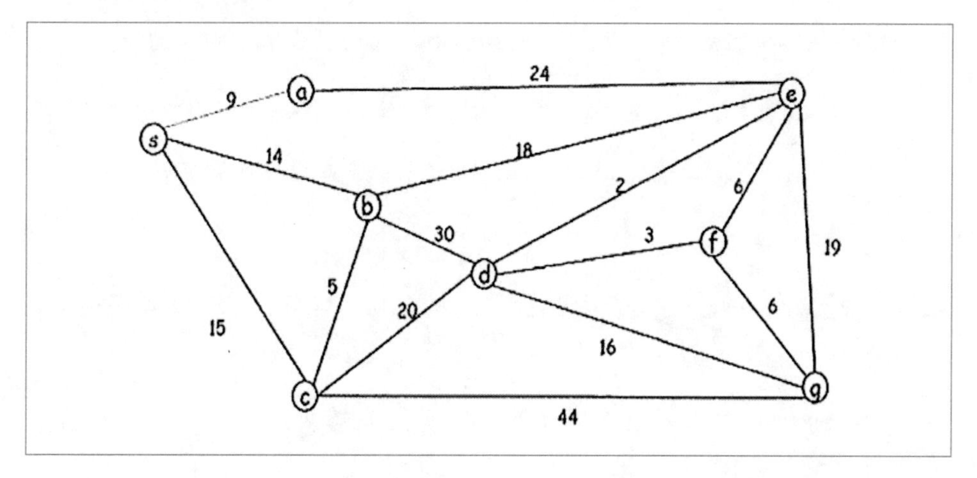

〈라우팅 테이블〉

Destination	Cost	Next
s	0	

(2) 알고리즘 적용 과정을 단계별로 라우팅 절차를 도시하시오. (5점)

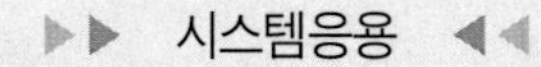

시스템응용

문제 1

가상기억장치 할당 알고리즘의 하나인 working set 모델에 대하여 다음 물음에 답하시오. (30점)

(1) working set와 working set 모델의 개념을 설명하시오. (5점)

(2) 페이지에 대한 참조가 다음과 같을 때 시점 t의 working set을 구하시오.
(단, Δ은 working set 윈도우 크기(window size)이고 Δ=10이다.) (5점)

```
… 2 6 1 6 8 8 8 8 8 6 1 6 2 5 7 1 2 5 7 7 7 5 7 5 7 7 7 1 5 2 5 7 7 7 5 7 7 7 …
                                    ↑
                        ← … Δ … → t
```

(3) 프로세스들의 working set 총합이 가용 프레임의 수를 넘어설 때 운영체제가 수행하는 일을 설명하시오. (10점)

(4) working set 윈도우 크기 Δ 관점에서 working set 모델의 효과를 설명하시오. (10점)

문제 2

다음은 컴퓨터 시스템에서 저장 장치 기술인 레이드(RAID)의 각 레벨(level)별 레이드 구조, 특성 및 최소 필요 디스크 수를 설명하고 있다. 레이드 1의 설명을 참고하여 다음 물음에 답하시오. (30점)

(1) 각 레이드 레벨의 구조를 그리시오. (10점)

(2) 각 레이드 레벨의 특징을 설명하시오. (15점)

(3) 각 레이드 레벨에 대하여 최소 필요 디스크 수를 쓰시오. (5점

레벨	레이드 구조	특성	최소 필요 디스크 수
레이드 1	RAID 1 RAID 0 RAID 0	• 미러링 방식 • 데이터가 동시에 저장되기 때문에 실제 사용 가능한 용량은 전체 용량의 절반 정도 된다. • 가용성이 높고 비용이 적게 드는 장점이 있다. • 성능보다 안정성에 치중	
레이드 3			
레이드 5			
레이드 6			
레이드 10/01			
레이드 50/51			

※ 다음 문제를 약술하시오.

문제 3

다음과 같은 테이블에 대하여 물음에 답하시오. (10점)

R1

A	B
가	123
나	134
다	145
라	156
마	167
나	178
바	189
사	190

R2

A	D
아	223
나	234
다	245
차	256
자	267
가	278
사	289

R3

C	B	E
거	123	412
너	134	423
더	145	434
러	156	445
거	167	456
너	178	567
더	189	478

(1) 다음 관계대수의 결과 테이블을 구하시오. (2점)

$\Pi_A(R1) \cap \Pi_A(R2)$

(2) 다음 관계대수의 결과 테이블을 구하시오. (단, ∞은 자연 조인을 나타낸다.) (4점)

R1∞R2

(3) 다음 관계대수의 결과 테이블을 구하시오. (2점)

$\sigma_{c=거}(R3)$

(4) 관계 대수 R2×R3의 결과 테이블의 튜플(tuple) 개수를 쓰시오. (2점)

문제 4

중앙처리장치 스케줄링 알고리즘의 성능을 평가하는 기준(performance criteria) 5가지를 설명하고 성능평가 기준 값을 높여야 하는 것과 낮게 해야 하는 것으로 구분하시오. (10점)

문제 5

시맨틱웹(Semantic Web)에 대한 다음 물음에 답하시오. (10점)

(1) 시맨틱웹(Semantic Web)과 시맨틱웹의 핵심 구성 요소인 온톨로지(Ontology)의 개념을 설명하시오. (6점)

(2) 시맨틱웹의 활용(응용) 분야에 대해서 설명하시오. (4점)

문제 6

유료 방송 업계에서 HTML5 기반의 스마트 TV 바람이 불고 있다. HTML5에 대하여 다음 물음에 답하시오. (10점)

(1) HTML5 개발 목표를 설명하시오. (2점)

(2) HTML5 표준의 목적 및 내용을 설명하시오. (3점)

(3) HTML5의 주요특징을 설명하시오. (5점)

▶▶ 소프트웨어공학 ◀◀

문제 1

어느 기업에서 소프트웨어 전문가를 채용하려고 한다. 채용 공고에 전문가가 담당할 업무를 다음의 4가지로 제시하였다. 각각의 업무를 구체적으로 설명하고, 어떤 지식과 기술을 가지고 있는 지원자를 선발해야 하는지 설명하시오. (30점)

[담당업무]

(1) 소프트웨어 구조 설계(Software Architecture Design) (7점)

(2) 소프트웨어 재구조화(Software Restructuring) (7점)

(3) 도메인 분석(Domain Analysis) (8점)

(4) 코드 리팩토링(Code Refactoring) (8점)

문제 2

정보시스템 개발의 일정관리를 위하여 CPM(Critical Path Method) 네트워크를 이용하는 것이 효율적이다. CPM 네트워크에 대하여 다음 물음에 답하시오. (30점)

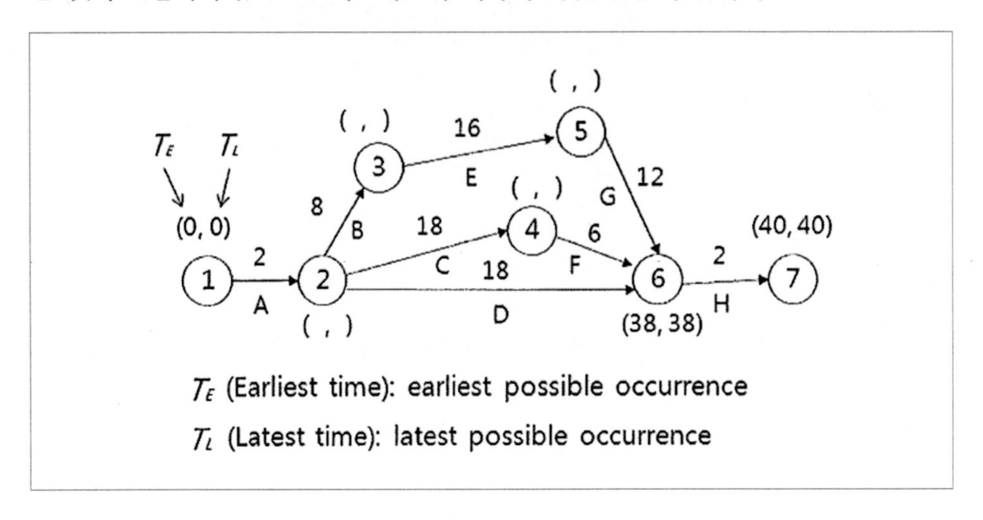

(1) 위의 CPM 네트워크에서 다음 각 노드(Node)에 해당하는 (T_E, T_L)을 계산하시오. (12점)

노드	T_E	T_L
②		
③		
④		
⑤		

(2) 위의 CPM 네트워크를 사용하여 다음 작업 일정표를 완성하시오.

〈작업 일정표〉

작업번호 (i, j)	기간 D_{ij} Duration	E_s	E_f	L_s	L_f	T_f
A(1, 2)	2					
B(2, 3)	8					
C(2, 4)	18					
D(2, 6)	18					

작업번호 (i, j)	기간 D_{ij} Duration	E_s	E_f	L_s	L_f	T_f
E(3, 5)	16					
F(4, 6)	6					
G(5, 6)	12					
H(6, 7)	2					

E_s: Earliest start time 계산
E_f: Earliest finish time 계산
L_s: Latest start time 계산
L_f: Latest finish time 계산
T_s: Total Float(여유일) 계산

(3) CPM 네트워크의 장점을 5가지 이상 설명하시오. (10점)

※ 다음 문제를 약술하시오.

문제 3

최근 소프트웨어에 대한 의존도가 높아지면서 소프트웨어 품질의 중요성이 강조되고 있다. 이와 관련된 다음 물음에 답하시오. (10점)

(1) ISO에서 요구하고 있는 품질의 개념을 설명하시오. (4점)

(2) ISO에서 요구하는 품질의 요소들을 설명하시오. (6점)

문제 4

실제 존재하는 실세계를 그 용도와 관점에 따라 여러 가지 모습 또는 지도로 나타낼 수 있듯이 소프트웨어 시스템은 크게 세 가지 관점에서 기술될 수 있다. 이들 중에서 한 가지는 기능(function) 관점에서 기술하는 것으로 자료 흐름도를 예로 들 수 있다. 기능 관점을 제외한 두 가지 관점의 내용을 설명하고 각각의 예를 드시오. (10점)

문제 5

소프트웨어의 좋은(우수한) 설계는 프로그램을 효율적으로 작성할 수 있도록 하고 시스템의 변화에 쉽게 적응할 수 있어야 한다. 소프트웨어 설계 단계에서 품질에 영향을 미치는 요소들은 결합도(coupling), 이해도(understandability), 적응도(adoptability), 독립성(functional independence), 응집도(cohesion) 등이 있다. 이와 관련된 다음 물음에 답하시오. (10점)

(1) 응집도의 의미를 설명하시오. (5점)

(2) 좋은 설계를 위해서 이들 요소들 사이에 요구되는 상호관계를 설명하시오. (5점)

문제 6

현재까지 웹 애플리케이션을 위한 다양한 설계 방법들이 제안되었다. 이와 관련된 다음 물음에 답하시오. (10점)

(1) 객체지향 하이퍼미디어 설계방법(OOHDM: Objective Oriented Hypermedia Design Method)의 개념을 설명하시오. (4점)

(2) OOHDM의 구성요소를 나열하고 설명하시오. (6점)

과거에는 기출문제를 외부에 공개하지 않아서 구하기가 매우 어렵다.

연도	구분	유형	시험문제
2010년	정보통신 개론	논술	• HDLC station, 제어필드의 프레임 종류 • TCP/IP 5계층 순서대로, 주소
		약술	• 섀논의 채널용량 • RFID 능동형태그/수동형태그 • 용어정리 MODEM, DSU, CSU, FTTH, headend
	시스템응용	논술	• 안드로이드 정의, 특징 8가지, 구조 • 페이지/세그먼트
		약술	• 실시간DB/전통적DB 트랜잭션 차이점 • DBMS(RDB, OODB, ORDB) 비교 • White Box Test의 검증 조건
	소프트웨어공학	논술	• SW설계 (1) SW설계 정의, (2) 상위설계와 하위설계, (3) 기술적 관점에서 데이터설계, 디자인설계, 프로시저설계 등 • Agile, XP (1) 애자일 방법론의 5가지 원리, (2) XP의 4가지 주요가치, (3) XP의 12가지 실천사항
		약술	• 유지보수 • SCM 형상관리 4가지 절차 • 3R (역공학/재공학) • 요구사항 관리
2007년	정보통신 개론	논술	• ADSL에서 20KHz를 80bit로 샘플링 시 최소요구속도와 그 이유 • WAP 프로토콜 구성도
		약술	• CSMA/CD의 원리 • PCM(Pulse Code Modulation)의 원리 • HDLC • TCP와 UDP 비교
	시스템응용	논술	• 트랜잭션을 설명하고, ACID의 각 의미의 유용성 • 프로세스의 프레임 고정할당방식을 설명하고, 고정할당방식 3가지 (고정분할, 비율할당 등)
		약술	• DB 무결성의 종류를 설명하고, 참조무결성을 설명하시오. • Deadlock의 4가지를 설명, Deadlock과 Starvation 비교 • DB 설계절차를 Flow Diagram으로 그리시오. • 정보보호관련 1) 전역테이블, 2) 접근권한제어리스트, 3) 권한관리, 4) 잠금장치에 대한 설명
	소프트웨어공학	논술	• MOF의 UML을 설명하고 그 중 interaction Diagram 4가지를 논술하시오. • 최근 통계청의 통계오류 등으로 인해 강조되는 품질관리의 중요성, ISO/IEC 9126 구성, 표준, 품질특성, 품질관리 발전방향을 설명
		약술	• 폭포수개발방법론에서 강조하는 V-Diagram • White Box Test에 대해 설명하시오. • 다형성(Polymorphism)에 대해 설명하시오. • 소프트웨어 개발 대가산정에서 cocomo 산정방식 설명

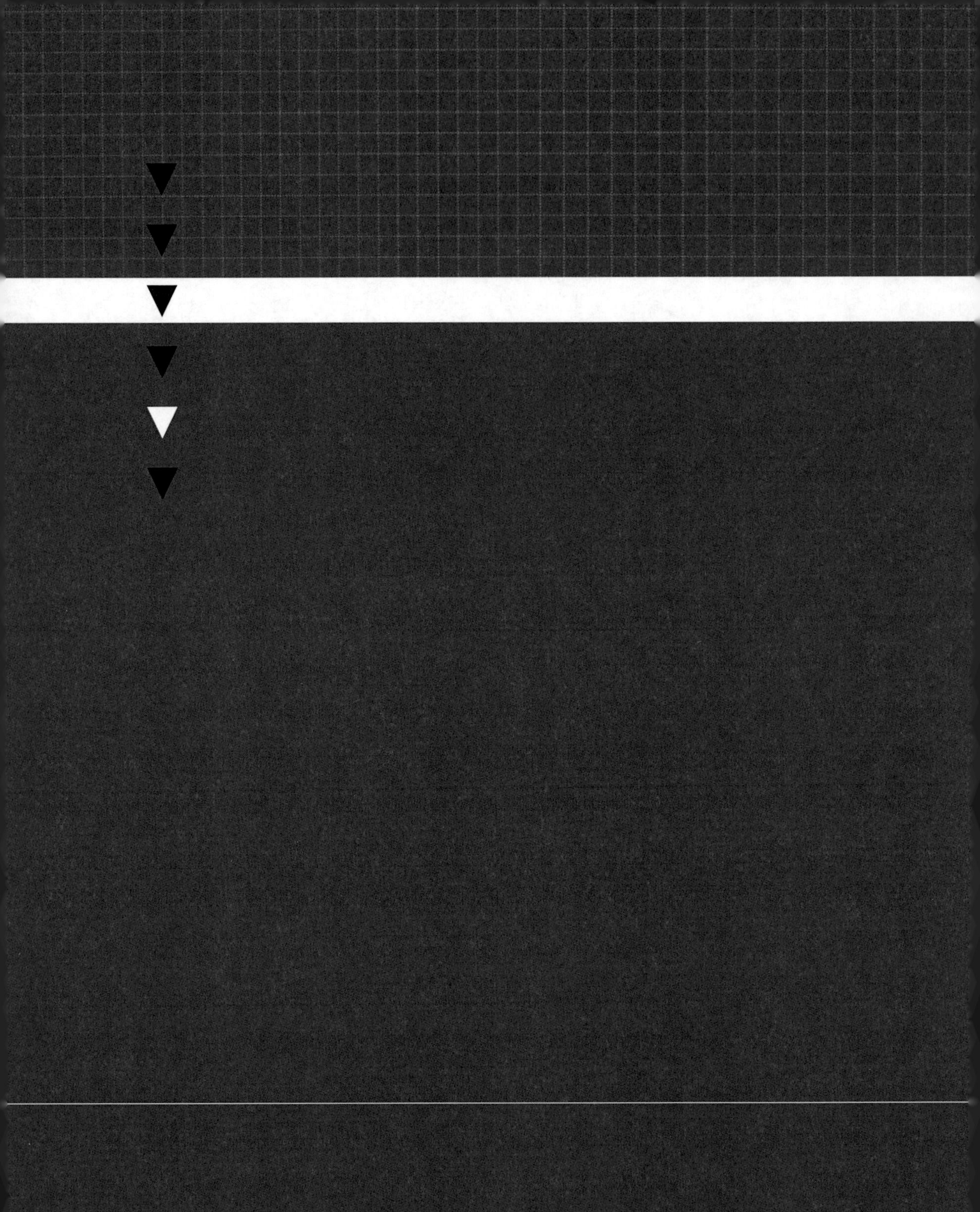

CHAPTER 05

기술지도사 취득 후 활용방안

CHAPTER

05

기술지도사 취득 후 활용방안

먼저 기술지도사 자격증 취득을 축하드린다. 이제 한 단계 더 성장하거나 외부적으로 활동반경을 넓히기 위한 기반을 마련한 셈이다.

자기에게 시간과 노력을 더 투입하여 자기개발을 통해 보다 더 성장하는 방법이 있고, 다양한 대외활동을 통해 나의 영향력을 대외적으로 발휘하는 방법이 있다. 어느 방향을 선택하더라도 좋은 결과가 나타날 것이다.

5.1 자기개발

기술지도사를 취득하기 위해 열심히 공부하면서 많은 지식을 내재화하였고, 이 지식을 발판으로 나의 더 큰 성장을 도모하면 좋다.

1) 대학원 진학

지금까지 배운 지식을 토대로 대학원에 진학하면 이전보다는 훨씬 더 수월하게 석사와 박사 학위를 취득할 수 있다.

박사는 일반적인 의미로 해당 분야에 식견과 안목을 가지고 독자적인 연구가 가능한 연구자로 인정받는 것으로 수여될 수 있는 최상위학위다.

박사 학위를 취득하기까지는 약 3년~4년이 소요되는데 학위 논문을 통과하지 못하면 10년 이상 걸릴 수 있다.

박사 학위를 취득하면 다음과 같은 이점이 있다.

- 대학교에서 교수로 학생들을 가르치면서 관심 있는 분야에서 연구에 몰두할 수 있다.
- 현재 조직에서 본연의 업무를 그대로 수행하면서 대학교에서 겸임교수/강사 등으로 활동할 수 있다.
- 전문가 자문, 제안 평가자, 면접관 등 다양한 대외활동이 가능하다.
- 컨설턴트 업무를 수행할 경우 최상위 등급으로 인정받는다.
- 5급 사무관부터 시작하는 고위공무원이 되려면 이전에는 행정고시/기술고시를 합격해야 하는데 요즘은 박사 학위가 있으면 특채로 채용되는 기회가 부여된다.

2) 정보시스템감리사 취득

정보시스템감리사는 국가공인자격으로 자격기준과 법적 지위 등은 모두「전자정부법 시행령」에 법으로 명시되어 있다.

정보시스템 감리는 발주자와 사업자 등의 이해관계로부터 독립된 자가 정보시스템의 효율성을 향상시키고 안전성을 확보하기 위하여 제3자의 관점에서 정보시스템의 구축 및 운영 등에 관한 사항을 종합적으로 점검하고 문제점을 개선하도록 하는 업무를 말한다.

정보시스템 감리를 수행하려면 감리원이어야 하는데 이때 감리원 등급은 수석감리원과 감리원 2가지 등급으로 구분된다.

수석감리원은 감리원에 비해 직무와 역할이 더 넓고 권한도 많이 부여된다. 정보시스템감리사나 정보처리 직무분야의 기술자 자격을 취득한 사람만이 수석감리원이 될 수 있다.

정보시스템감리사 시험은 1년에 1회 시행되고, 매년 40명 정도씩만 합격자가 배출되는 매우 고난이도 시험 중 하나다.

시험범위는 감리 및 사업관리, 소프트웨어공학, 데이터베이스, 시스템구조, 보안 등 총 5개 영역으로 대부분의 IT분야를 포함한다고 보면 된다.

정보시스템감리사 자격을 취득하면 여러 가지 혜택이 있는데 대표적인 혜택은 다음과 같다.

- 감리 수행 시 PM(Project Manager, 프로젝트 매니저)과 같은 총괄감리원을 수행할 수 있다.
- 보통 일반적인 직장인의 정년이 60세로 정년 이후에는 일반 기업체에서 정규직으로 일을 하기는 매우 어려운데, 정보시스템 감리는 나이제한이 없는 직종이므로 60대 이후에도 자격사로 인정받으며 스스로 체력이 허락할 때까지는 일을 할 수 있다.
- 자격증을 취득하기 위해 많은 공부를 하게 되어 지식이 쌓이고 시스템을 보는 시각이 넓어져 업무의 수행능력이 향상되어 조직에서도 업무능력을 인정받게 된다.

정보시스템감리사 시험과 관련해서는 다음의 사이트로 접속하면 된다.

- 정보시스템감리사(https://auditor.nia.or.kr)

응시자격을 확인한 후에 자격 요건이 충족되면 정보시스템감리사에 도전하는 것도 좋은 방법이다.

3) 정보처리기술사 취득

"기술사"란 해당 기술 분야에 관한 고도의 전문지식과 실무경험에 입각한 응용능력을 보유한 사람으로서 「국가기술자격법」 제10조에 따라 기술사 자격을 취득한 사람을 말한다고 「기술사법」에 정의되어 있다.

즉, 기술사 역시 법으로 보장되는 국가기술자격으로 IT와 정보보안을 포함한 직무 분야에서 기술사는 정보관리기술사와 컴퓨터시스템응용기술사가 있는데 이 2개의 자격을 총칭하여 정보처리기술사라고 흔히 일컫는다.

수행업무는 다음과 같다.

정보관리기술사
정보관리에 관한 고도의 전문지식과 실무경험에 입각하여 정보시스템을 계획, 연구, 설 계, 분석, 시험, 운영, 시공, 감리, 평가, 진단, 사업관리, 기술판단, 기술중재 또는 이 에 관한 기술자문과 기술지도 업무를 수행

컴퓨터시스템응용기술사
하드웨어시스템, 소프트웨어시스템에 관한 분석, 설계 및 구현, 그밖에 컴퓨터 응용에 관한 내용

시험방법은 다음과 같다.

구분	내용
필기	단답형 및 주관식 논술형
실기	구술형 면접

산업계의 박사라고 불리는 정보처리기술사 자격을 취득하면 여러 가지 혜택이 있는데 대표적인 혜택은 다음과 같다.

- 5급 사무관부터 시작하는 고위공무원이 되려면 이전에는 행정고시/기술고시를 합격해야 하는데 기술자 자격을 취득하면 특채로 채용되는 기회가 부여된다. 지금은 필기시험 면제 혜택이 주어진다.

- 정보시스템 감리를 수행할 때 수석감리원 등급을 부여받고 총괄감리원으로 수행할 수 있다. 그리고 일정규모 이상의 정보시스템 감리는 기술사만 수행할 수 있도록 법으로 명시되어 있다.
- 일반 IT기업에서도 기술사 자격 취득에 대해 교육비 지원이나 축하금, 자격수당 지급 등의 금전적 혜택과 진급 시 가점 부여나 우대 등의 다양한 혜택을 부여한다.
- SW기술자의 등급별 노임단가 규정에도 특급/고급/중급 등의 등급 외에 기술사는 별도로 등급이 구분되어 있다.
- 전문가 인맥과 대내외 인맥이 매우 넓어진다.
- 외국의 기술사와 국가 간 상호 인정 기술사 제도가 운영되어 국가 간 상호 인정이 가능하다.

정보처리기술사 시험과 관련해서는 다음의 사이트에 접속하면 된다.

- 한국산업인력관리공단 큐넷(http://q-net.or.kr)

여러 자격증 중 최고의 전문가로 인정받는 자격증이 바로 기술사다. 기술사를 취득하면 다른 자격증이 불필요하다고 말씀하시는 분들이 계실만큼 유·무형적으로 다양한 혜택이 주어진다.

4) 정보보호 및 개인정보보호 관리체계(ISMS-P) 인증심사원 취득

현재 정보보호와 개인정보보호는 가장 핫한 아이템이고 화두다. 모 IT전문학원에 가면 현재 국내 3대 자격증이 기술사, 감리사, ISMS-P 인증심사원이라고 이야기할 만큼 많은 사람들이 관심을 가지고 취득하려고 공부하고 있다.

자격 검정은 다음과 같다.

서류접수		1차 필기전형		2차 실기전형		결과통보
이메일 접수	➜	필기시험 시행	➜	실무교육 및 평가 (5일 과정)	➜	최종합격자 통보 및 자격증 발급

응시자 자격요건은 다음과 같다. 정보보호와 개인정보보호와 관련한 직무경험이 필요하다.

> 4년제 대학졸업 이상 또는 이와 동등학력을 취득한 자로서 정보보호 및 개인정보보호 경력을 각 1년 이상 필수로 보유하고 정보보호, 개인정보보호 또는 정보기술 경력을 합하여 6년 이상을 보유

필기시험 방법은 다음과 같이 총 50문제 중 고득점순으로 약 70명 정도를 선발한다.

구분	내용
출제분야	ISMS-P 인증제도, ISMS-P 인증기준, 개인정보보호 관련 법규, 정보보호 이론 및 기술, 개인정보 생명주기
문제 유형	객관식 5지 선다(단순질의, 복합응용, 상황판단)
문항 수	50문제
시험 시간	120분

시험의 출제범위 및 상세내용은 다음과 같다.

No	출제범위	상세내용
1	ISMS-P 인증기준	• ISMS-P 인증제도 개요 • 인증기준 요구사항 - 102개 인증기준 및 세부점검항목 - 안내서에 포함된 주요 확인사항, 결함사례, 증적문서 등
2	(개인)정보보호 관련 법규	• (개인)정보보호 관련 법규 - 정보통신망법 및 하위규정 - 개인정보보호법 및 하위규정 - 기반보호법 및 하위규정 - 신용정보보호법 및 하위규정 - 위치정보보호법 및 하위규정

No	출제범위	상세내용
		- 전자금융거래법 및 하위규정 - 공공분야 관련 법률 및 규정
3	(개인)정보보호 이론 및 기술	• 인증기준 관련 (개인)정보보호 이론 및 기술 • 개인정보 유출 및 침해사고 사례 • 개인정보 유출 통지 및 신고 등
4	개인정보 생명주기	• 개인정보 보호범위 및 적용대상 • 개인정보 수집, 이용 및 제공, 파기 • 영상정보처리기기 규제 등

필기시험은 단순질의형이나 복합응용형, 상황판단형의 문제유형으로 구분되는데 상황판단형 문제가 가장 어렵다.

No	출제유형	설명
1	단순질의형	인증제도, 인증기준, 보안기술, 관련법률에 대한 이해도 측정
2	복합응용형	인증제도, 인증기준, 보안기술, 관련법률을 두 개 이상 연계하여 판단할 수 있는 응용능력 측정
4	상황판단형	상황에 따라 인증제도, 인증기준, 보안기술, 관련법률을 종합적으로 판단할 수 있는 능력 측정

ISMS-P 인증심사원 자격을 취득하면 여러 가지 혜택이 있는데 대표적인 혜택은 다음과 같다.

• 기업의 정보보호 및 개인정보보호와 관련한 정보보호시스템 현황, 구성방식, 통제방법 등은 대외비로 내부자가 아닌 이상은 외부에서 볼 수가 없는데 심사원으로 심사에 참여하면 가능하다.
• 본연의 업무는 그대로 두고 약 4일~10일간 ISMS-P 인증심사에 참여하여 대외활동이 가능하다. 약 80만원~300만원 이상 소득이 생기는 건 덤이다.
• 모의심사, 내부감사, 유사제도 인증심사, 수개월의 단기 프로젝트 등 다양한 업무를 수행할 수 있는 기회가 생긴다.
• 정보보안과 관련해서 전문가 인맥과 대내외 인맥이 매우 넓어진다.
• 요즘 정보보호와 관련한 컨설팅은 ISMS 인증 컨설팅이 대다수를 차지하는데 컨설팅 시장으로 진출이 가능하다.

정보보호 및 개인정보보호와 관련하여 현재 가장 상위등급으로 인정하는 자격이 바로 ISMS-P 인증심사원이다.

ISMS-P 인증심사원 시험과 관련해서는 한국인터넷진흥원(KISA)에서 정보를 얻을 수 있다.

- 한국인터넷진흥원 알림마당(https://isms.kisa.or.kr/main/community/notice/)

5.2 활용방안

이제 저자의 경험을 통해 자격증을 어떻게 활용할 수 있는지 알아보자. 여기 이야기는 모두 직접 경험하고 실행해 보았거나 가능성을 이미 확인하였다. 많은 기회가 제공되고 스스로 발굴하여 업무를 확대할 수 있다.

1) 전문위원

조달청, 중소기업기술정보진흥원(TIPA), 정보통신기획평가원(IITP) 등 다양한 정부기관과 지자체, 공공기관, 대학교 등에서 다양한 전문가들의 의견을 수렴하고 다수의 의견을 반영하기 위해, 전문위원 제도를 운영하고 있다.
(전문위원, 평가위원, 전문가 등 여러가지 의미로 불리지만 기본적으로는 전문성을 바탕으로 하기에 전문위원으로 통칭한다.)

전문위원 모집요강을 보면 고위공무원, 박사학위 취득 후 일정 경력 이상, 공공기관 팀장급 이상, 대학교 겸임강사 이상, 국가전문자격 보유자 등이 있는데 많은 전문위원 모집요강에 기술지도사 및 경영지도사 보유자가 포함되어 있어, 이 전문위원의 풀(pool)에 들어갈 수 있다.

풀(pool)에 포함되면 전문위원으로 활동할 수 있는데, 학계, 산업계 등의 다른 전문가분들과 함께 제안서 평가, 연구실적 평가 등의 업무를 해볼 수 있고, 부가적으로 자문료도 받을 수 있어서 일석이조다.

- 경기도 기술개발사업
- 국립재난안전연구원 행정안전부 연구개발사업 평가위원
- 대구디지털산업진흥원 평가위원, 전문위원
- 대전경제통상진흥원 대전 소상공인 멘토하우스 전문가
- 대전정보문화산업진흥원 대전 저작권서비스센터 전문가
- 서울연구원 서울공공투자관리센터 서울시 민간투자사업 평가위원
- 소공인특화지원사업 평가위원
- 소상공인 업종별 분야별 전문가
- 소상공인컨설팅 시설개선지원 평가위원
- 스타트업 해외사업전문가
- 용인시 디지털산업진흥원 전문위원
- 정보통신기술자격검정 전문위원
- 정보통신기술진흥센터 평가위원
- 정보통신산업진흥원 평가위원
- 중소기업기술정보진흥원 산업기술개발사업 기술개발기획평가단 전문위원
- 중소기업기술정보진흥원 중소기업기술개발 지원사업
- 중소기업유통센터 마케팅지원사업 평가위원
- 코레일유통 매장운영자 선정
- 한국방송통신전파진흥원 평가위원
- 한국산업기술평가관리원 산업기술R&D정보포털 전문위원
- 한국산업인력공단 과정평가형 자격 산업현장전문가
- 한국산업인력공단 안전교육 전문인력
- 한국생산기술연구원 국가선업융합지원센터 산업융합성 평가위원
- 한국인터넷진흥원 KISA 제안서 평가위원
- 한국콘텐츠진흥원 평가위원
- 한국폴리텍대학 일학습병행제 전문위원
- SW고성장기업자문단

2) 강사

알고 있는 지식과 경험을 바탕으로 내부와 외부에서 강의를 할 수 있다.

저자 역시 회사 내에서 신입사원을 대상으로 소프트웨어 공학을 가르쳤고, 정보보호와 개인정보보호 교육을 강의했었다.

다음과 같은 다양한 분야의 전문강사로 활동할 수 있고, 보유능력에 따라 확대가 가능하다. 그러나 강의를 위해서는 지식과 경험이 충분히 보유되어야 하고, 전달하는 능력이 있어야 하므로 이 점은 유의하자.

- 개인정보보호 포털 개인정보보호 전문강사
- 소프트웨어 자산관리사(C-SAM) 강사
- 창업지도사 강사
- 창업보육매니저 양성과정 강사
- SNS 활용방안 등 마케팅 강사
- 경영컨설턴트 강사
- 재무회계 강사
- 소상공인컨설팅 강사
- IT 강사
- 정보보호/정보보안 강사

3) 저자

지식을 정립하고 재창조하기 위해서는 도서를 출간하는 편이 매우 효과적이다.

알고 있는 지식과 경험을 전달하기 위해, 혹은 새로운 분야에 대해 연구하고 이해한 것을 쉽게 설명하기 위해 도서를 출간하여 저자가 될 수 있다.

단독저자 혹은 공동저자로 참여가 가능하고, 요즘 시대에는 다양한 책이 출간되어 있어서 충분히 도전할 만하다.

저자 역시 현재 4권의 책을 저술했고, 2권의 책이 출간되기를 기다리고 있다.

책을 써서 저자가 되었을 때의 이점은 다음과 같다.

지식의 내재화

일본의 경영학자 노나카 이쿠지로에 의하면, 지식은 암묵지와 형식지가 있는데 지식창조의 기본은 암묵지와 형식지의 상호작용이라고 했다.

암묵지는 경험과 학습을 통해 개인에게 체득된 지식으로 공식화되거나 언어로 표현되지 않은 지식을 말한다. 형식지는 문서나 도서, 매뉴얼 등으로 표현되어 여러 사람이 공유되는 지식을 말한다. 우리는 이미 이 지식창조 활동을 하고 있다.

우리가 공부하는 것을 생각하면 이해하기 쉽다. 쉽게 국사를 예로 들어보자. 학교에서 선생님에게 국사 교과서를 중심으로 국사를 배운다고 하면 교과서(형식지)를 바탕으로, 선생님이 여러 가지 비하인드 스토리나 본인의 관점과 추정 등을 조금씩 포함하여 설명해 주시고, 그걸 노트에 필기한다(형식지). 그리고 시험기간이 되면 노트 내용을 암기하고 나만의 언어로 쉽게 외우려고 한다(암묵지).

암묵지에서 형식지로 변환하는 대표적인 사례가 도서 저술 활동이다.

인내와 끈기 장착

책 한 권을 혼자 쓰거나 공저로 여러 분들과 같이 쓰던 간에 글을 쓰고 책을 출간한다는 건 매우 어려운 일이다. 처음부터 끝까지 한 단락, 한 권의 내용을 일관성을 가지고 끌고 가야 하고, 하고 싶은 이야기를 풀어가면서 설명을 해야 한다.

책을 완성할 때까지는 꾸준히 써야 하고 끝날 때까지 버텨야 한다. 책을 내고 나면 노력한 만큼 성장한다.

논리적 글쓰기 능력 향상

자동차 운전을 잘 하려면 계속 운전을 해야 하고, 수영을 잘 하려면 계속 수영연습을 해야 한다. 무엇이든 꾸준히 연습을 해야 익숙해지고 실력이 늘어난다. 글을 쓰는 능력도 마찬가지이다. 계속 글을 쓰면서 표현하는 방법을 고민하고, 논리적으로 설명하는 방법을 고민하고, 그리고 이해시키기 위한 방법을 고민하면서 글쓰기 능력이 향상된다.

『하루 1시간, 책 쓰기의 힘』이라는 글을 쓴 이혁백 작가님의 책 표지를 보면, "작가가 되려했던 것이 아니라 매일 글을 쓰다 보니 작가가 되었다"라는 말이 적혀 있듯이 꾸준함을 바탕으로 노력하다 보니 논리적으로 글쓰기 능력이 장착된다.

자신의 인생에 또 하나의 커리어 추가

현재 직장인이건 사업자이건 본연의 업무 외에 저자라는 또 하나의 커리어가 추가된다. 요즘 직장인들은 수입을 증가시키기 위해, 본연의 업무 외에 투잡(Two Job)이니 사이드잡(Side-Job)이니 하면서 또 다른 직업을 가지거나, 부동산이나 주식 투자 등 많은 시간과 비용을 투자하고 있다. 그러나 대부분 별도의 시간을 할애하거나 업무와 병행하기가 매우 어렵고 업무에 일부 소홀해지다보니, 결국에는 본연의 업무와 병행하는 업무 둘 다 놓치는 경우가 빈번하게 발생한다.

가장 좋은 방법은 본연의 업무에 집중하면서 이와 관련한 또 다른 잡(Job)이 추가되는 방법으로 업무의 경험과 또 다른 잡(Job)의 커리어가 동시에 축적되면서, 업무의 역량이 또 다른 잡(Job)에 활용되고, 또 다른 잡(Job)의 경험이 본연의 업무에 기여하게 되는 선순환 구조가 이루어지면서 경쟁력이 향상된다.

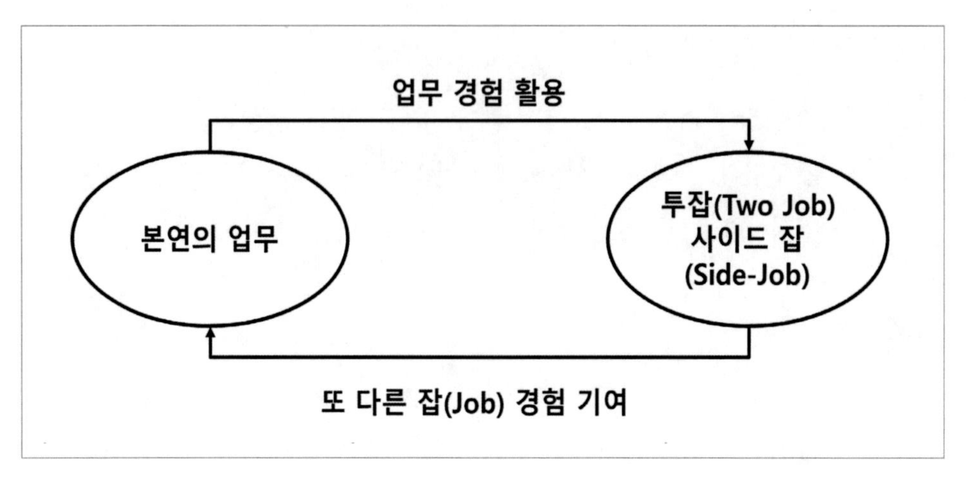

〈그림 1〉 본연의 업무와 사이드 잡(Side-Job)의 선순환 구조

4) 컨설턴트

자격증으로 활용할 수 있는 가장 많은 분야가 컨설턴트다. 다양한 업종에서 컨설턴트로 활동할 수 있고, 업무 외 시간에 가능한 컨설팅도 있어서, 많은 전문가들이 업무에 지장을 주지 않고 활동하고 있다.

다음은 대표적인 컨설턴트 활동 사례다. 찾아보면 더 많은 기회가 있다.

- 소상공인시장진흥공단 소상공인컨설팅
- (재)대전경제통상진흥원 대전 소상공인멘토하우스 전문가
- (재)대전정보문화산업진흥원 대전저작권서비스센터 전문가
- 대한민국산업현장 교수
- 소상공인 업종별 분야별 전문가
- 스타트업 해외사업 전문가
- 기술닥터
- SW 고성장기업자문단
- 비즈니스지원단 컨설턴트
- 창업진흥원 아이디어마루 멘토
- 부산경제진흥원 부산창업카페 전문가 컨설팅 컨설턴트

- 경남신용보증재단소상공인 컨설팅사업 컨설턴트
- 한국산업인력공단 과정평가형 자격 산업현장 전문가
- 경영 컨설턴트
- IT 컨설턴트
- 정보보안 컨설턴트

5) 심사원/감리원

심사원은 객관적 시각과 전문적 지식을 바탕으로 심사하고 문제점을 지적, 개선점을 제안해주는 전문가를 말한다.

물론 심사원으로 활동하기 위해서는 먼저 심사원 자격을 취득하여야 한다. 다음과 같이 다양한 심사분야가 존재하고 각 심사원 자격을 보유해야 심사가 가능하다.

- 정보시스템감리원
- 정보보호 및 개인정보보호 관리체계(ISMS-P) 심사원
- ISO 27001(정보보호경영시스템) 심사원
- ISO 20000(IT서비스관리시스템) 심사원
- ISO 9001(품질경영시스템) 심사원
- ISO 14001(환경경영시스템) 심사원
- ISO 22000(식품안전경영시스템) 심사원
- ISO 45001(안전보건경영시스템) 심사원
- ISO 22301(비즈니스연속성경영관리) 심사원
- ISO 37001(반부패경영시스템) 심사원
- ISO 10002(고객만족경영시스템) 심사원
- 국립재난안전연구원 행정안전부 재난안전제품 인증심사

심사원 등급은 심사원(보), 심사원, 선임심사원, 검증심사원이 있고 자격 취득 후 일정 경험을 확보해야 상위 등급의 심사원으로 승급이 가능하다.

심사는 3~10일 등 심사기간 동안 심사원으로 활동하는 일당이 20~100만 원까지 다양하다. 심사일수를 계속 축적하다보면, 선임심사원 혹은 그 상위 등급의 심사원이 되는데 그때는 심사 자문료도 같이 올라간다.

6) 면접관

요즘은 블라인드 채용이 대세다. 채용과정 등에서 편견이 개입되어 불합리한 차별을 야기할 수 있는 항목을 걷어내고, 실력(직무능력)을 평가하여 인재를 채용하는 방식으로 공정한 채용을 위해 활용되는 게 외부 면접관 제도다. 기술지도사 자격증을 보유하고 있으면 관련 분야에 면접관으로 활동이 가능하다.

면접관 양성교육을 이수하면, 면접 시 주의사항과 개방형 질문/폐쇄형 질문/심층 질문 등 바람직한 질문 방법과 의사소통 등 다양한 면접관 스킬을 배울 수 있다.

다음은 대표적인 면접관 양성교육 과정이다.

- 브레인플렛폼(주) 한국컨설턴트사관학교 공공기관 면접관컨설턴트
- (사)한국중장년고용협회
- 한국능률협회컨설팅 채용·면접관 교육 / 면접위원 양성과정
- 매경교육센터 공공기관 전문 면접관 양성과정
- KCA한국컨설턴트사관학교 공공기관 면접관 과정

어떻게 면접이 이루어지는지, 기업마다 어떤 부분을 중점적으로 보는지를 보면서, 인재 선택의 기준을 이해하고 면접자들에게 조언을 해 줄 수 있는 지식을 획득할 수 있다.

물론 면접관 자문료는 덤으로 따라온다.

7) 인맥 확대

대외 활동을 하다보면 다양한 계층의 사람과 여러 분야에 종사하는 전문가와 교류할 기회가 많다. 대학교 교수, 은행장, 변호사, 세무사, 경영지도사, 기술사, 기업체 임원, 대표이사, 기업체 실무자, 자영업자, 컨설턴트 등 다양하다. 그분들과 친해지면, 서로 정보 등 도움을 주고받는 사이가 되기도 하고, 때로는 강의나 업무 경험에 대한 조언 등을 요청하기도 하며, 필요한 인력 소개를 요청받기도 한다. 다양한 업종에 대해 간접적인 경험을 얻을 수 있어서 매우 유용하다.

여러 분야의 사람들과의 교분을 적극적으로 활용하자.

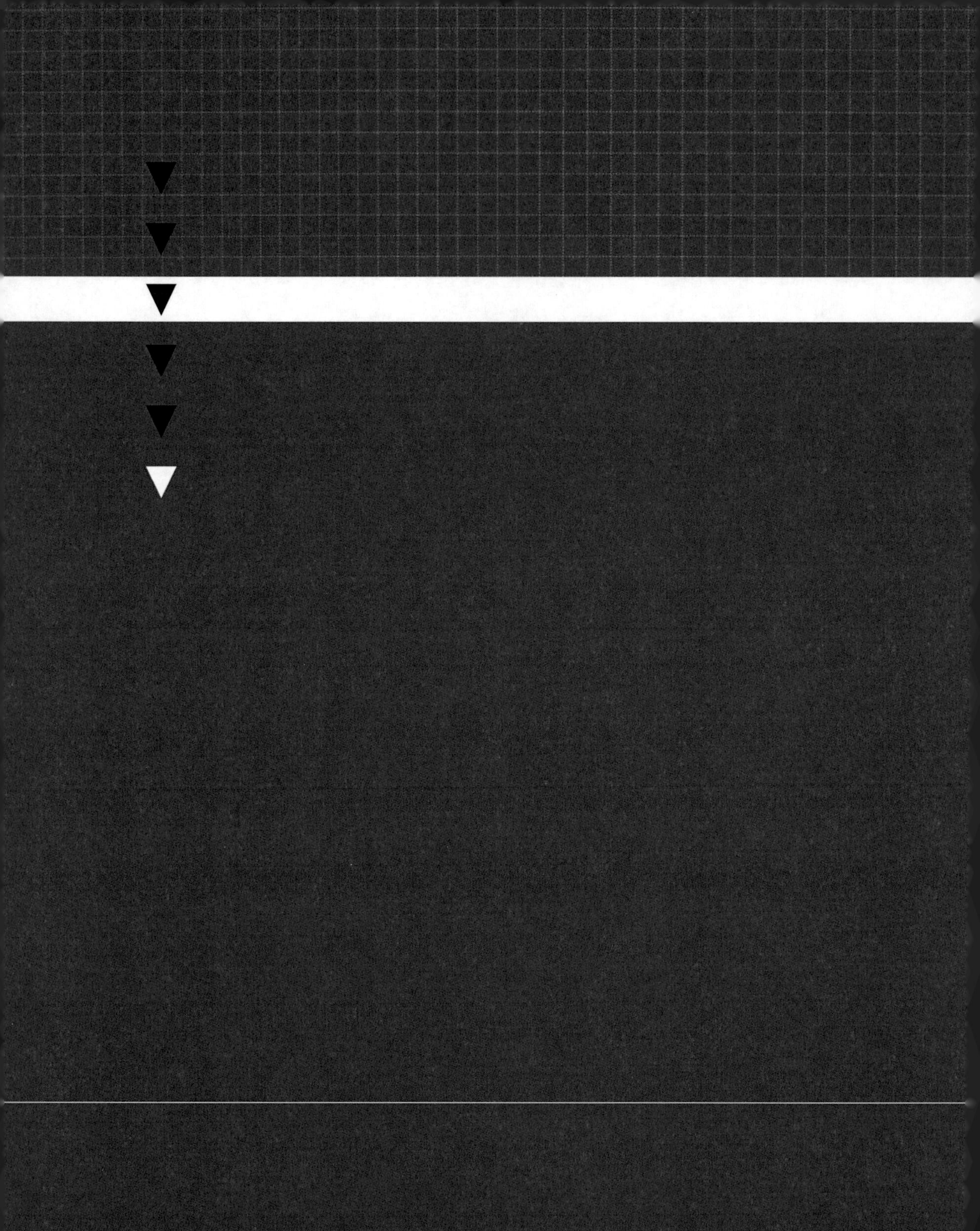

CHAPTER 06

마무리

CHAPTER
06
마무리

6.1 합격수기

1) 취득계기

회사에서 IT를 바탕으로 MES(Manufacturing Execution System, 제조실행시스템) 시스템을 개발하고 운영하는 업무를 담당하고 있을 때였다.

당시 계열사 내에 중소기업이 있었는데, 중소기업청에서 운영하는 중소기업 기술지원 제도에 지원했고, 지원대상 후보로 선정되었다.

그때 대상 선정을 위한 평가를 준비하였는데, 평가위원으로 오신 분 중에 경영지도사가 계셨다.

'경영지도사? 그게 뭐지?'

'경영에 관한 지도를 하는 전문가인가? 그럼 기술에 관한 지도는 어떻게 하지?'

저자도 이전에는 몰랐고 처음 알게 된 자격증이다 보니, 인터넷으로 며칠간 열심히 조사했다. 그 결과, 기술을 지도하는 기술지도사에 대해 알게 되고, 정보처리 분야가 있다는 것도 알게 되었다.

시험은 1년에 1회만 있고, 정보처리 분야는 한 해 합격자가 당시 0~4명을 넘지 않는 희소한 자격증이었다.

'그래, 그럼 나도 열심히 준비해서 자격증을 취득하고, 기술을 지도할 수 있는 전문가가 되자.'

결심을 하고 실천을 하는데, 그리 오랜 시간이 걸리지 않았다.

성격상 결정하면 실천하는 스타일이라 무조건 '고!'

2) 시험 준비

기술지도사 자격증 시험은 2차 시험이 시험의 관문으로 관련 분야의 지식을 보유하고 있는지, 논술을 통해 글로 논리적으로 표현하여 설득할 수 있는지를 확인하는 시험으로, 지식과 논술력을 모두 보유하고 있어야 하는 준고시급의 시험이다.

이미 대학교를 졸업한지 10년도 넘었고, 손으로 글을 쓰는 일이 컴퓨터로 타이핑하는 일의 5%도 채 되지 않는 상황이었다.

'일단은 행동하고 부딪쳐보자'라는 신념이 있기에, 무작정 부딪쳐보기로 하고 시험 준비를 시작했다.

첫째, 지식습득은 다시 전공서적들을 통독하기 시작했다.

정보통신개론, 시스템응용 및 보안, 소프트웨어공학 등 거의 IT 전반적인 부분을 다 이해해야 하는 고난이도의 시험이다 보니 알아야 할 지식이 너무 방대하였다.

처음에는 통독을 하고, 이해가 되지 않는 부분들은 넘어가면서 전체 맥락을 이해하려고 노력했다. 2회독 할 때는 한 챕터씩 다시 공부를 하면서 이해를 하려 했고, 모르는 부분은 인터넷으로 찾고 주변의 전문가나 인터넷에 질문하면서 이해를 했다.

저자는 모든 관련 지식은 서로 연결되어 하나의 원을 만든다고 생각한다. 하나의 조그마한 원이 다시 만들어지는 데 꼬박 1년 넘게 걸렸다.

둘째, 시험에 응시하기로 결심한 그날 이후부터, 논술 시험에 대비하기 위해 모든 필기구는 시험용 볼펜으로 대체했다.

조금이라도 필기구와 익숙해지고 더 많이 쓰는 연습을 위해 인터넷으로 수십 다스의 시험용 볼펜을 구입했다. 회사에서 업무를 보거나 집에서 공부를 하거나, 회의할 때 기록을 하거나 모두 그 볼펜으로 기록하면서 볼펜에 익숙해지려고 노력했다. 회의록도 먼저 손으로 기록을 하고 다시 컴퓨터로 정리했다. 머릿속으로 딴생각을 할 때에도 손에는 필기구를 들고, 무언가 끄적거리고 있도록 익숙해지려고 했다.

그리고 시험과목별로 글로 표현하고 논리적으로 정리하는 연습을 했다.

3) 전쟁의 날, 시험

2차 시험 당일은 의외로 덤덤했다. 그 전날 지방에서 서울로 올라와서 이미 하룻밤을 잤고 일찍 서둘러서 시험장으로 향했다.

동일 분야 응시자는 6명이었다. 다른 분야에 비해 매우 적은 인원이었다.

시험을 치루는 동안의 일에 대해서는 잘 기억이 나지 않는다.

다만 120분씩 3회 동안 쉴 틈 없이, 머리로 생각하고 손으로 논리적으로 표현하려고 노력했다는 것과, 끝나고 나니 허탈한 감정이 들었다는 것만 남아있다.

'더 잘 쓸 수 있었는데.'

'그 문제는 이렇게 접근했으면 더 나았을 텐데.'

KTX를 타고 내려오는 내내 아쉬움을 가지고 시험문제에 대해 생각을 했다.

4) 더할 나위 없이 좋았던 날, 시험합격

합격자 발표날, 회사와 집에서는 시험에 응시한 것을 아무도 모르기에, 사무실에서 아무도 없는 것을 확인하고 조심스럽게 시험결과 합격자 발표사이트에 접속해서 합격 여부를 확인했다.

심호흡을 하고 합격조회 버튼을 눌렀다.

합격.

너무 기뻤다.

합격 소식을 팀장에게 이야기했지만, 자격증에 대해 잘 모르시니, 그냥 무심히 넘기시는 것을 봤지만 개의치 않았다.

자격증의 진가는 분명 드러날 기회가 있다고 믿었다.

당장 실무수습을 받을 상황은 아니어서 실무수습은 연기를 했고, 다음해 1월 자격증만 손에 쥐었다.

5) 인식변화의 계기

프로젝트 준비 중에 실무자와 의견이 상충되었을 때였다.

현장 생산자동화 개선과 관련한 프로젝트를 준비하면서, 현업 실무자와 업체 전문가와 같이 업무 협의를 하는데, 더 나은 방법이 있다는 생각이 들었으나 기존의 방법을 고수하는 것이 보였다.

기술적으로 가능할 것이라고 판단되었으나, 현업 실무자들은 업체 전문가의 의견만 듣고 거기에만 동조를 하고, 회사 내 IT/보안 전문가의 제안을 들어볼 생각조차 하지 않았다.

참으로 답답했다.

'일개 과장이 업무도 해보지 않고 이야기하는 게 맞겠어? 수십 년 동안 이 업무를 해 온 업체 전문가의 의견이 맞지.'

실무자는 그런 생각과 태도를 가지고, 이미 업체가 이야기하는 방향으로 기울고 있었다.

어떻게 말해야 이해시킬 수 있을까 고민하고 있는데, 잠깐 쉬는 시간 동안 업체 전문가와 실무자의 대화 중에, 회사에서 경영지도사로부터 컨설팅을 받는 데 도움이 되더라고 하면서 자연스럽게 자격증에 대한 언급이 흘러나왔다.

이때다 싶었다. 그래서 조용히 한마디를 했다.

"전 정보처리분야 기술지도사입니다."

순간 몇 초간 정적이 흘렀고, 그 업체 전문가의 눈의 휘둥그레지는 모습을 보았다. 현업 실무자의 생각이 바뀌는 데는 그리 오랜 시간이 걸리지 않았다.

"고려해보겠습니다."

곧 이어진 업체 전문가의 단 한마디였다.

결국은 내가 제안한 방향으로 검토되어 진행되었고, 그 결과 프로젝트는 성공적으로 완료되어, 몇 년간 유지보수 또한 안정적으로 운영되었다.

또한 회사 내부적으로도 자격증 취득사실이 공유되면서 한 계열사의 전산업무를 총괄하는 기회를 얻었고, 그로 인해 스스로 한 단계 더 성장하는 데 많은 도움이 되었다.

6.2 마무리

지금도 자격증을 계속 공부하고 있다. 현재까지 24개를 보유하고 있지만 아마도 앞으로 더 늘어날 것은 확실하다. 지식이 늘어나고 자격증이 늘어나면서, 업무 영역과 사고의 폭도 같이 늘어나고, 다양한 경험도 계속 쌓여간다. 언제까지 자격증을 취득하면서 일을 할지는 모르지만 한 가지는 확실하다.

무엇을 하던 그 시작은 항상 기술지도사 자격증이었음을!

참고문헌

- 고응남, 정보통신개론, 한빛아카데미
- 김영기·서승우 등, 공공기관·대기업 면접의 정석, 브레인플랫폼, 2020.2.28.
- 김영기·서승우 등, 미래 유망 자격증 4차 산업혁명 시대, 렛츠북, 2020.06.30.
- 이성몽·(주)인포레버컨설팅, 박사학위(논문) 가이드 & 기술사 합격 방법서, 인포드림, 2016.05.01
- 국가법령정보센터, http://www.law.go.kr
- 아이리포 기술사 감리사 IT전문가 까페, https://cafe.naver.com/itlf
- 정보시스템감리사, https://auditor.nia.or.kr
- 한국산업인력공단, http://www.q-net.or.kr
- 한국경영기술지도사회, http://www.kmtca.or.kr/
- ITPE기술사회, https://cafe.naver.com/81th
- 나무위키, 경영지도사, https://namu.wiki/w/경영지도사
- 위키백과, 국가전문자격, https://ko.wikipedia.org/wiki/%EA%B5%AD%EA%B0%80%EC%A0%84%EB%AC%B8%EC%9E%90%EA%B2%A9 , (2020.5.7.)
- 위키백과, 회귀 테스트, https://ko.wikipedia.org/wiki/%ED%9A%8C%EA%B7%80_%ED%85%8C%EC%8A%A4%ED%8A%B8
- 정보통신기술용어해설, HDLC, http://www.ktword.co.kr/abbr_view.php?nav=2&m_temp1=89&id=847
- 자비스가 필요해, 보안운영체제, https://needjarvis.tistory.com/154
- 지덤 사전, 확인/리그레션테스트, http://www.jidum.com/jidums/view.do?jidumId=581
- 테크월드, 코드 인스펙션을 통한 소프트웨어 품질 향상 - 코딩 규칙의 적용, http://www.epnc.co.kr/news/articleView.html?idxno=45785
- 티스토리88, 네트워크 및 분산 운영체제, https://itstory07.tistory.com/818
- 푸른너구리의 보금자리, MAC/DAC/RBAC, https://pracon.tistory.com/119
- ChocoPeanet, HDLC 프로토콜, https://copycode.tistory.com/79
- mingrammer-blog, 좋은 코딩을 위한 13가지 간단한 규칙, https://mingrammer.com/translation-13-simple-rules-for-good-coding/